Die Welt aus Hundesicht

Wellness für Hunde

Der Toller wälzt sich nach Herzenslust im Gras. Für ihn ein Riesenspaß, doch sein Besitzer wird nicht immer glücklich darüber sein, vor allem wenn er einen Kuhfladen oder Aas erwischt und anschließend mit aufs Sofa möchte.

Herumgeschleppt

Die Toller gehören zur Gruppe der Retriever und wurden zum Apportieren von Wild gezüchtet. Daher freut er sich, wenn er etwas tragen darf. Hütehunde wollen hüten, Hofhunde wachen, Jagdhunde jagen. Versuchen Sie, Ihren Hund seiner Veranlagung entsprechend zu beschäftigen.

Grüß Dich!

Der Weimaraner freut sich riesig, sein Frauchen zu sehen, und begrüßt sie mit einem freundlich gemeinten Schnauzenstoß, wie es unter Hunden üblich ist. Leider freut sich nicht jeder Mensch über so eine überschwängliche Begrüßung, vor allem nicht, wenn er die gute Abendgarderobe trägt.

Von unten betrachtet

So in etwa sieht Sie ein kleiner Hund, wenn Sie sich fröhlich lächelnd über ihn beugen, um ihn zu streicheln. Ganz schön bedrohlich, oder? Gehen Sie lieber in die Hocke, wenden den Blick leicht ab und streicheln Sie ihn an der Brust, statt auf dem Kopf.

Kleine Goldgräber

Hunde graben für ihr Leben gern. Da wird gebuddelt, was das Zeug hält, bis die Fetzen fliegen und der Dreck spritzt. Mäuselöcher und Maulwurfhaufen sind willkommene Objekte, und wenn er Glück hat, hebt er sogar ein leckeres Mäusenest aus.

Sofafreuden

Hundemüde ist der Australian Shepherd, und wo liegt es sich bequemer als im Bett oder auf dem Sofa? Sein Kuscheltier hat er bereits mitgebracht. Wenn Sie nicht wollen, dass Ihr Hund Bett oder Sofa in Beschlag nimmt, müssen Sie es von Anfang an verbieten.

Untergebuttert

Das geht zu weit! Der Golden buttert mal eben schnell den anderen Hund unter. Seine Körperhaltung zeigt, dass Schluss mit lustig ist. Mit gesträubtem Fell, durchgedrückten Beinen und erhobener Rute steht er über dem Unterlegenen, der zwar auf dem Rücken liegt, aber noch frech von unten tritt und sich keineswegs ganz unterworfen hat.

Ein ganzer Kerl!

Selbstbewusst hebt der Rüde sein Bein und markiert sein Revier. Es soll ruhig jeder wissen, dass er hier war. Zum Kräftemessen gehört auch, dass er möglichst hoch pinkeln kann. Manche Rüden liefern sich an Bäumen oder Laternenpfählen ein regelrechtes „Duell".

Klein mit Hut

Schlechtes Gewissen? Nein, so etwas kennen Hunde nicht. Aber der Weimaraner fühlt sich nicht wohl in seiner Haut und zeigt das deutlich. Er macht sich klein, zieht den Schwanz ein und weicht dem Blick aus. Das sind alles Gesten der Unterwürfigkeit.

Inhalt

1

Von Hunden und Menschen 8

Ausflug in eine andere Welt
Wie Hunde denken 10

Leben im Hier und Jetzt
Lernen im Sekundentakt 12

Die Sache mit der Verständigung
Verschiedene Sprachen 14

Was Hänschen nicht lernt …
Die Sozialisierung 16

Was Hunde erregt
Stress auslösende Situationen 18

Hannemann geh du voran
Von Rangordnung und Dominanz 20

Aus Sicht des Menschen
So leiten Sie das Rudel 22

Das wünscht sich jeder Hund
Anforderungen an den Hundehalter 24

Blitzschnell und aufmerksam
Schnelles Handeln ist gefragt 26

Schauspieler und Animateure gesucht
Casting für Hundeerzieher 28

Für KIDS
So wirst Du sein bester Freund 30

Werkzeuge für Hundehalter 32

Das richtige Management
Erleichternde Hilfsmittel 34

Das hast Du toll gemacht!
Richtig belohnen 36

Schluss damit!
Richtig strafen 38

Extra
Welpen und Junghunde 40

Dem Unfug keine Chance
Ignorieren und Auszeit 42

So versteht es jeder Hund
Hör- und Sichtzeichen lehren 44

Auf einen Blick
Die wichtigsten Signale 46

Erziehen und beschäftigen 48

Schau zu mir
Mit geballter Aufmerksamkeit 50

Komm und bleib bei mir
„Hier" und „Bei Fuß" 52

Das kleine 1x1 für Hunde
„Sitz" und „Platz" 54

Gib es mir!
Nein, Aus und Beutetausch 56

Das hilft Ihnen im Alltag
Weitere sinnvolle Übungen 58

Welpen-Extra
Sauberkeit und Ordnung 60

Unarten im Keim erstickt
Nicht lästig sein 62

Ein Hund ist kein Gartenzwerg
Garten als Alternative? 64

Wenn Sie mal weg müssen
**Allein daheim oder gemeinsam
unterwegs** 66

Toben, spielen oder knurren?
Begegnungen mit anderen Hunden 68

Auf einen Blick
Die tollsten Spaziergänge 70

Inhalt

4

Hundespiele rund ums Jahr 76

Lassen Sie sich anstecken
Spielespaß zum Mitmachen 78

Für jeden das Richtige
Rassespezifisch spielen 80

Ein Gesundbrunnen
Angepasstes Spielen 82

Spiellaunen unterscheiden sich
Damit's immer Spaß macht 84

Abwechslung ist gefragt
Spielfreude fördern 86

Auf einen Blick
So spielen Sie richtig 88

5 In der warmen Jahreszeit 90

Hinaus, hinaus in die Natur!
Frühlingserwachen 92

Wohin mit dem Beutetrieb?
Die „reizende" Angel 94

Freude am Bringen
Apportieren – nicht nur für Retriever 96

Perfekter Apport?
Nicht alle sind Profis 98

Auf geht's, mitgemacht!
Von Kreisen und Kisten 100

Verstecken ist angesagt
Die „verlorenen" Habseligkeiten 102

Sommerfreuden
Scheibenfangen für Flinke 104

Ab auf die Wiese!
Der Heuballen lebt 106

Nicht bloß zum Waschen da
Wasser-Spiele 108

Im Garten
Ausgrabungen und Akrobatik 110

Von Dinos und Dummies
Spielzeug, Spielzeug überall 112

Für KIDS
Tomate contra Kiwi 114

Partyeinlagen
Kleine Gefälligkeiten 116

6 Für die kühle Jahreszeit 118

Herbststimmung
Spurenleser unterwegs 120

Mit dem Riecher dicht am Boden
Naseneinsatz ist gefragt 122

Die perfekte Witterung
Einer Schleppspur auf der Spur 124

Von Klammern und Düften
Wenn Waschtag ist 126

Adventure-Tours für Hunde
Spaziergang mit Hindernissen 128

Winterspaß
Stubenhocker aufgepasst! 130

Für KIDS
Spielzeug verloren 132

Kalorienfresser
Leckerbissen und doch kein Speck 134

EXTRA
Farben und Augenbewegungen 136

Auf einen Blick
Spielideen rund ums Jahr 138

Service 140

Zum Weiterlesen 140
Nützliche Adressen 141
KOSMOS Infoline 141
Register 142
Bildnachweis, Impressum 144

1

Von Hunden und Menschen

Wie Hunde denken	**10**
Die Sozialisierung	**16**
So leiten Sie das Rudel	**22**

So wirst Du sein bester Freund   **30**

Für KIDS

Handeln aus dem Bauch heraus

Hunde richten sich nicht nach Vernunftgründen, sondern nach Gefühlen. Vereinfacht gesagt, teilt ein Hund seine Welt in „angenehm" und „unangenehm" ein. Und er tut einfach immer das, was sich momentan gut und richtig für ihn anfühlt.

Schnüffeln und Buddeln macht Hunde glücklich.

Feels good!

Manches fühlt sich für einen Hund einfach deshalb „gut" an, weil es einem seiner angeborenen Verhaltensprogramme entspricht. Eine tragende Hündin gräbt z. B. nicht deswegen eine Wurfhöhle, weil sie weiß, dass sie bald Junge bekommen wird, sondern weil die hormonellen Veränderungen das Gefühl auslösen, es gäbe gerade nichts Wichtigeres auf der Welt, als zu bud-

deln. Man weiß heute, dass es selbstbelohnend ist, ein solches Verhaltensprogramm auszuführen, weil das Gehirn dabei „Glückshormone" produziert. Kein Wunder also, dass manchmal die angeborenen Verhaltensprogramme den Sieg davontragen, wenn sie mit den Erziehungszielen des Menschen kollidieren! Hunde, die jagen, buddeln, sich in Aas wälzen, ihr Revier verteidigen oder markieren, etwas ihrer Meinung nach Fressbares in sich hineinstopfen oder auf Freiersfüßen wandeln, haben oft denkbar wenig Verständnis dafür, dass sie das unserer Meinung nach lieber lassen sollten. All dies zu tun, fühlt sich zu gut oder auch zu dringend an und kann im Extremfall beinahe suchtartigen Charakter haben.

Diese beiden tun offensichtlich, was ihnen Spaß macht.

Die treibende Kraft

Gefühle sind auch der „Motor" beim Lernen. Den Lernmechanismus kann man sich etwa so vorstellen, dass der Hund im Gedächtnis Situationen und Handlungen mit den Gefühlen ver-

knüpft, die unmittelbar damit einhergehen. Erlebnisse, die aufgrund dessen in seiner Erinnerung das Etikett „angenehm" tragen, möchte er natürlich gern wiederholen, während er solchen mit dem Etikett „unangenehm" in Zukunft möglichst aus dem Weg geht. Ganz besonders angenehm fühlt sich das „Erfolg haben" an. Denn wer erfolgreich handelt, bekommt nicht nur, was er wollte, sondern wird auch vom Gehirn mit guten Gefühlen „belohnt". Misserfolg ist dagegen unangenehm. Hunde lernen vor allem am Erfolg und Misserfolg ihres Handelns.

Sofa-Erlebnisse

Die Idee „aufs Sofa springen" fühlt sich z. B. für einen Hund, der dort schon einmal ungestört ein gemütliches Nickerchen gemacht hat, aufgrund dieser Erfahrung einfach „gut und richtig" an – jedenfalls wenn er gerade müde ist und einen Schlafplatz sucht. Warum also sollte er nicht danach trachten, dieses angenehme Erlebnis zu wiederholen? Anders verhält es sich, wenn er unsanft von dort vertrieben wurde. Dann verbindet er mit dem Sofa eher unangenehme oder zumindest gemischte Gefühle und ist nicht mehr so schnell geneigt, der Idee nachzugeben.

Das erste Mal

Besonders wichtig für die gefühlsmäßige Bewertung von Situationen und Handlungen ist immer das erste Mal. Die erste Erfahrung sitzt besonders tief. War der allererste Versuch, auf dem Sofa zu liegen, „schön", wird man den Hund später kaum noch vom Gegenteil überzeugen können. Ist er hingegen beim ersten Versuch abgerutscht (oder wurde umgehend wieder heruntergeschubst), bekommt

Hoffentlich vermiest mir niemand mein Nickerchen.

er womöglich nie wieder Lust, aufs Sofa zu springen. Denn die Idee fühlt sich von da an nur „schlecht" an und der Hund kann ja ohne vorherige gute Erfahrungen nicht ahnen, dass die Sache auch ganz anders – nämlich sehr angenehm – hätte ausgehen können.

Lerngeschwindigkeit

Generell geht das Lernen umso schneller, je stärker die dabei beteiligten Gefühle sind. Normalerweise braucht es eine ganze Reihe von Wiederholungen, bis der Hund gelernt hat, dass eine bestimmte Handlung bestimmte Konsequenzen nach sich zieht. Aber starke Erlebnisse positiver oder negativer Natur prägen sich eher im Gedächtnis ein als das tägliche Einerlei. Gegebenenfalls reicht schon ein einziger „bombiger" Erfolg oder eine große Freude, aber auch leider eine einmalige Erfahrung von Angst, Schmerz oder großem Schreck, um etwas Neues – zum Beispiel Angst vor dem Tierarzt – fest im Gedächtnis zu verankern.

Lernen im Sekundentakt

Jetzt oder nie

Für uns Menschen besonders schwer nachvollziehbar ist die Tatsache, dass Hunde im Gegensatz zu uns nicht über Erlebtes nachdenken. Hunde leben wie alle Tiere immer „voll und ganz im Hier und Jetzt". Vergangenheit und Zukunft gibt es für sie nicht. Ein Hund entscheidet und handelt ausschließlich nach der Devise „Genuss sofort", denn längerfristige Folgen seines Tuns kann er nicht mit einkalkulieren. Dass er in Zukunft vielleicht nie mehr von der Leine gelassen werden kann, wenn er zu oft Wild hetzt, ist für ihn jenseits seines geistigen Horizonts. Und auch den Zusammenhang zwischen dem Bravsein am Nachmittag und einem leckeren Kauknochen am Abend wird ein Hund nie begreifen können.

Blitzschnelle Verknüpfung

Aus der Forschung weiß man, dass Hunde Ereignisse nur dann optimal miteinander verknüpfen können, wenn sie innerhalb von 0,5 bis 0,8 Sekunden aufeinander folgen. Wer als Mensch also Einfluss auf die Lernerfahrungen seines Hundes nehmen will, muss vor allem schnell sein und blitzschnell handeln! Eine Strafe oder eine Belohnung, die auch nur zwei Sekunden nach der betreffenden „Tat" kommt, ist bereits für die Katz': Sie wird vom Hund normalerweise nicht mehr mit seiner „Tat" in Verbindung gebracht. Er lernt also nicht das von Ihnen Gewünschte. Ja, noch schlimmer: Bei schlechtem Timing Ihrerseits können auch noch jede Menge Missverständnisse entstehen.

Hunde leben in der Gegenwart und lernen nur, wenn die Ereignisse direkt aufeinander folgen.

Ein Hundekeks nach dem Spaziergang freut den Hund, lehrt ihn jedoch nichts.

Ein Leckerchen unmittelbar nach dem Loslassen des Spielzeugs belohnt wirksam das Ausgeben.

Auch Beweisstücke helfen nicht

Sicherlich kann sich ein Hund noch daran erinnern, dass er vor zehn Minuten ein Brot geklaut hat. Aber wie wollen Sie ihm klar machen, dass Sie ausgerechnet deswegen sauer auf ihn sind und nicht, weil er vor fünfzehn Minuten geschlafen oder vor einer Minute neben der Küchentür gesessen hat? Nicht einmal das immer wieder praktizierte vorwurfsvolle Vorzeigen eines

„Beweisstückes" verhindert Missverständnisse. Schließlich hat es sich gut angefühlt, das Brot zu fressen. Schlecht ging es dem Hund erst, als Sie ihm das leere Papier vorhielten und schimpften. Weil diese beiden Ereignisse für ihn aber keinen Zusammenhang miteinander haben, kann er nichts Vernünftiges daraus lernen. Er wird sich zwar künftig demütig geben, wenn Sie ihm den „Beweis" einer Missetat vorhalten, aber trotzdem weiterklauen.

Liegt er nach einer Missetat bereits wieder im Korb, ist es zu spät zum Schimpfen.

Die Sache mit der Verständigung
Verschiedene Sprachen

Hunde sind ausgezeichnete Beobachter.

Sprachlos

Allein schon weil Hunde die menschliche Sprache nicht verstehen, kann man sich mit ihnen nicht über Vorfälle verständigen, die bereits Vergangenheit sind. Die vielen Worte, die wir Menschen von uns geben, sind für einen Hund nichts weiter als unverständliches Gebrabbel. Er ist ganz auf Körpersprache eingestellt und hat einen überaus feinen Sinn für Bewegungen, Gesten, Mienenspiel und Stimmungen seines Sozialpartners. Der Tonfall unseres üblichen Wortschwalls hilft ihm zwar dabei, unsere momentane Stimmung zu erkennen, doch die Bedeutung einzelner Worte zu erfassen, ist für ihn überaus schwierig.

Sprachbarrieren

Stellen Sie sich vor, Sie träfen einen Menschen, dessen Sprache Ihnen völlig fremd ist. Es würde Ihnen wohl kaum helfen, wenn er pausenlos auf Sie einredet. Wenn er aber ein bestimmtes Wort immer wieder in einem bestimmten Zusammenhang sagt, könnten Sie dessen Bedeutung mit der Zeit verstehen lernen. Auch für einen Hund kann ein Wort nur dann eine Bedeutung bekommen, wenn es immer wieder ausschließlich im Zusammenhang mit derselben Situation oder Handlung gesagt wird, und zwar am besten jeweils kurz vorher. Das Wort verknüpft sich dann in seinem Gedächtnis mit dem Impuls, eine bestimmte Handlung auszuführen oder mit einer bestimmten Erwartungshaltung – und auch mit den Gefühlen, die damit einhergehen. Hört der Hund ein ihm bekanntes Hörzeichen, kommt ihm automatisch die Idee, die damit verknüpfte Handlung auszuführen. „Fühlt" sich die

Idee – z. B. aufgrund von vorhergehenden Belohnungen – „gut und richtig" an, wird er sie auch umsetzen. Sagt man „spazieren gehen?", springt er schwanzwedelnd auf, weil er Wort und Tonfall mit dem Hinausgehen und der Aufbruchsstimmung verknüpft hat. Man kann mit ihm jedoch weder über Zukünftiges noch über Vergangenes sprechen. Von dem Satz: „Wir können leider erst in einer Stunde spazieren gehen!", würde er nur das Wort „spazieren gehen" verstehen, in freudige Erregung geraten und sehr enttäuscht sein, wenn es nicht sofort losgeht.

Körpersprache versteht jeder

Besser noch als Worte verknüpfen Hunde Gesten und Gesichtsausdrücke. Dass man die Jacke anzieht und die Leine vom Haken nimmt, spricht für den Hund eine viel deutlichere „Sprache" als jedes Wort. Aber auch Gegenstände, Orte und Gerüche können aufgrund von Verknüpfungen eine gefühlsmäßige Bedeutung bekommen: Der Anblick seines Spielzeugs bringt ihn in Spiellaune, der gewohnte Übungsplatz in „Arbeitsstimmung" und der Geruch der Tierarztpraxis erzeugt in ihm vielleicht ein mulmiges Gefühl.

Konfliktlöser mit Raubtiergebiss

Hunde sind wehrhafte Tiere mit gefährlichen Zähnen. Fühlt ein Hund sich oder das, was ihm wichtig ist, bedroht, ist Beißen eine seiner möglichen Reaktionen. Andererseits sind Hunde Meister der Anpassung und haben viele Strategien entwickelt, um Konflikte zu umgehen oder zu lösen. Sie versuchen in aller Regel, den Ausbruch von offenen Streitigkeiten durch vielfältiges freundlich-beschwichtigendes Verhalten, durch Ignorieren, Ausweichen, Tricksen und Ablenken zu vermeiden. Bevor zugebissen wird, wird meist ausführlich gedroht und imponiert.

Warnsignale und Toleranz

Versteht und beachtet der Mensch all diese Warnsignale nicht und bedrängt, bedroht oder misshandelt den Hund, kann dieser durchaus zu dem Schluss kommen, dass man mit Menschen nicht „vernünftig reden" kann. Er hält sich dann nicht mehr lange mit Drohungen auf, sondern beißt sofort. Glücklicherweise ist das aber die absolute Ausnahme. Hunde haben offenbar nach 15.000 Jahren engen Zusammenlebens mit Menschen eine Engelsgeduld entwickelt und verzeihen erstaunlich viele Fehler!

Der Junghund ist zwar unterwürfig, aber allzu aufdringlich und wird daher vom Golden „abgestraft".

Was Hänschen nicht lernt, macht Hans Angst

Ob ein Hund tolerant und freundlich gegenüber Menschen und ihrem für Hunde merkwürdigen Verhalten ist und ob er insgesamt auf seine Umwelt gelassen und zuversichtlich oder aufgeregt und ängstlich reagiert, steht und fällt weitgehend mit seiner Welpenzeit. Hunde sind in den ersten Lebenswochen sehr offen gegenüber allem Neuen und lernen rasend schnell. Diese Zeitspanne nennt man die Sozialisierungs- oder Prägungsphase und sie dauert bis zur 12. oder 14. Lebenswoche, wobei aber die Zeit zwischen der dritten und achten Woche am wichtigsten ist. In dieser Zeit muss ein Welpe vor allem viel engen Umgang mit vielen verschiedenen Menschen und – zumindest ab der achten Woche – auch mit vielen verschiedenen Hunden haben und außerdem eine Vielzahl von verschiedenen Umwelteinflüssen (Geräusche, Situationen, Gegenstände, Hindernisse, Autofahren usw.) ken-

Das Spiel mit Hunden ist wichtig für die Sozialisierung.

Früh übt sich, wie man am Geschicktesten bekommt, was man haben will.

nenlernen. Denn später überwiegt eher die Angst vor allem Neuen, und der Hund gewöhnt sich längst nicht mehr so leicht an die vielfältigen Reize, die so zahlreich in seiner Umwelt auf ihn einstürmen.

Verpasste Sozialisierungsphase

Kommt die Sozialisierung zu kurz, ist der Schaden meist lebenslang nicht wiedergutzumachen. Ein mangelhaft sozialisierter Hund ist stets mehr oder weniger unsicher und ungeschickt mit fremden Menschen und/oder Hunden, weil er ihre Körpersprache, ihr Verhalten und ihre Reaktionen nicht richtig einschätzen kann. Das lässt ihn anderen gegenüber unangemessen (z. B. zu aufdringlich, zu hektisch, zu ängstlich, zu aggressiv) auftreten. Dadurch wiederum bekommt er von Hunden oder Menschen, die sein Verhalten befremdlich und unangenehm finden, unfreundliche „Rückmeldungen", was ihn noch mehr verunsichert. Auch in seiner Umwelt gibt es viele Dinge (z. B. Verkehrslärm, glatte Böden usw.), die ihm Angst machen, was ihn zusätzlich belastet. Zudem sind schlecht sozialisierte Hunde meist insgesamt nervöser und schneller gestresst als üblich und können Stress schlechter verarbeiten. Das wiederum behindert sie beim Lernen von Neuem. Ein Teufelskreis, aus dem – oft erst nach der Pubertät – durchaus Probleme wie hysterisches Verbellen von Besuchern, Aggression

Schon der Welpe sollte den Menschen als Spielpartner und „Lehrer" kennen lernen.

gegenüber Artgenossen, Schnappen nach Kindern u. Ä. entstehen können. Kaufen Sie einen Welpen daher nur von einem guten Züchter, der seinen Welpen viel Kontakt mit verschiedenen Menschen und eine angereicherte Umwelt bietet. Nach ein paar Tagen Eingewöhnung bei Ihnen machen Sie dann mit Ihrem Welpen etwa jeden zweiten Tag kleine „Ausflüge" in verschiedene Umgebungen. Bummeln Sie etwas mit ihm und lassen Sie ihm Zeit, sich alles in Ruhe anzugucken und zu beschnuppern. Hat er Angst, gehen Sie in die Hocke und bilden so eine sichere „Höhle" für ihn. Bald wird die Neugier wieder überwiegen.

→ **Sozialisierungsphase**

In der Prägungs- oder Sozialisierungsphase (3. bis 14. Woche) lernen Hunde rasend schnell. Später überwiegt die Angst und es wird sehr viel schwieriger, den Hund an unbekannte Umwelteinflüsse zu gewöhnen. Nutzen Sie die Zeit und machen Sie Ihren Welpen mit zahlreichen Situationen bekannt.

Was Hunde erregt
Stress auslösende Situationen

„Ich bin ja so aufgeregt!"

Hunde sind im Allgemeinen aktiv, neugierig, vielseitig interessiert und schnell in ihren Reaktionen. Für einen Beutegreifer (Raubtier) sind solche Eigenschaften überlebenswichtig. Sie machen es aber nicht immer leicht, den Hund unter Kontrolle zu halten, zumal viele Hunde auch noch relativ leicht erregbar sind. Besonders Beutereize können den Hetzjäger Hund aufregen. Ein sich schnell bewegendes Objekt – Kaninchen, Inline-Skater usw. – löst bei ihm den Impuls aus, hinterherzurennen. Zappeln und Quietschen sind ebenfalls starke Beutereize, die im Hund den Wunsch auslösen, zu verfolgen und zu packen – einer der Gründe, warum Kleinkinder und junge Hunde nicht immer ein ideales Team sind.

Hunde reagieren sehr schnell und sind sofort von null auf hundert. Manchmal muss man etwas Ruhe hineinbringen, damit die Stimmung nicht kippt.

Außer Rand und Band

Auch im ausgelassenen Spiel mit Menschen oder mit Artgenossen können Hunde über die Stränge schlagen, falls es allzu wild wird oder allzu lange dauert. Ähnlich wie bei einer Geburtstagsparty mit Sechsjährigen schlägt von einem Moment zum anderen freudige Erregung in Überdrehtheit und Stress um. Kläffen, Zwicken und so genannte Mobbing-Situationen, bei denen mehrere Hunde einen schwächeren jagen, können die Folge sein. Und allzu häufige wilde Raufereien und Beutespiele machen manche Hunde sogar reizbar und hyperaktiv.

Sorgen Sie für eine Auszeit, falls die Stimmung nach allzu langem, wildem Spiel in Gezänk umkippt.

Zu wenig Schlaf

Aufregend und stressig sind Ereignisse, die den Hund verunsichern, ihm Angst machen oder ihn überfordern. Allein das Fehlen von Ruhephasen kann einen Hund, der als „Tagdöser" täglich etwa 16 Stunden Schlaf braucht, den letzten Nerv kosten. Langeweile und Bewegungsmangel können denselben Effekt haben. Es gibt auch Hunde, die sich so intensiv einer „selbstgewählten" Aufgabe widmen, dass sie sich und ihre Menschen überstrapazieren. Mancher Hund nimmt z. B. das Bewachen seines Territoriums so ernst, dass er den ganzen Tag am Gartenzaun patrouilliert, alles anbellt, was sich regt, und dabei nicht nur seine Umgebung nervt, sondern zunehmend hektisch und gereizt wird wie ein gestresster Manager.

Trotzanfall

Einzelne Hunde neigen auch dazu, sich übermäßig zu erregen, wenn sie in ihrer Bewegungsfreiheit eingeschränkt werden oder wenn sie ihren Willen nicht bekommen. Man kann dann gerade bei Welpen manchmal richtige „Trotzanfälle" erleben. Dennoch muss jeder Hund lernen, auch einmal geduldig zu warten, ein Verbot zu akzeptieren und es zu ertragen, dass er festgehalten und untersucht wird.

Aus stressigen Situationen herausnehmen

Worüber und wie stark ein Hund sich aufregt und ob und wie sehr er sich gegebenenfalls in diese Erregung hineinsteigert, ist individuell verschieden. Manche Hunde ziehen sich von selbst zurück, wenn es ihnen zu viel wird, anderen muss man helfen, sich „herunterzuregeln", z. B. indem man sie rechtzeitig aus der stressigen Situation herausnimmt.

Gehirnjogging für Hunde

Noch viel nötiger als Bewegung und eintöniges Stöckchenwerfen brauchen Hunde zur seelischen Gesundheit „geistige" Anregung. Die meisten Hunde sind exzellente Problemlöser und nutzen diese Fähigkeit auch gern. Hier einige Aktivitäten, die Ihren Hund ausgeglichen und zufrieden machen und die für ihn wichtiger und seelisch gesünder sind als stundenlanges monotones Bällchenwerfen: Neue Wege und Gebiete erkunden. Neue Gehorsamsübungen oder Kunststückchen lernen. Sie im Alltag begleiten und an Ihren Aktivitäten teilhaben. Kontakte zu verschiedenen Menschen und Hunden (falls er sich verträgt). Neue Gegenstände beschnuppern und untersuchen dürfen. Fährten oder Gegenstände mit der Nase suchen. Kleine Problemlösungsspiele wie z. B. Leckerchen aus einem Behälter herausprokeln. Etwas kauen, knabbern, abnagen oder zerpflücken dürfen. Buddeln. Sorgen Sie für Abwechslung, konfrontieren Sie Ihren Hund mit neuen Reizen, aber überfordern Sie ihn nicht.

Versteckte Leckerchen, Gegenstände oder Spielzeug zu suchen, ist eine besonders gute Beschäftigung.

Streicheleinheiten und „einfach zusammen sein" stärken die Bindung.

Von Rangordnung und Dominanz

Vom Wolf abzustammen heißt nicht, einer zu sein.

Die Erklärung für alle Arten von Problemen mit dem Hund liegt für viele Hundehalter auf der Hand: Er ist „dominant". Angeblich streben Hunde ständig nach der ranghöchsten Position im Rudel, entweder durch Machtspielchen und Manipulationen oder sogar durch offene Aggression. Tritt der Mensch dem Hund gegenüber nicht stets als Boss auf, hat er verloren.

Unter Wölfen

Wie neuere Beobachtungen an Hunden und frei lebenden Wölfen zeigen, hat diese Vorstellung allerdings wenig mit der Wirklichkeit gemein. Das Wolfsrudel ist kein militärisch geführter Stoßtrupp, sondern eine Familie. Die Rollenverteilung in einem Wolfsrudel und noch viel mehr in einer Gruppe von Hunden ist viel flexibler, als man früher angenommen hat. Und die Rangordnung wird vor allem dadurch auf-

Im Allgemeinen sind gerade die Alphatiere besonders tolerant und freundlich.

rechterhalten, dass die jüngeren Tiere den älteren ihre Unterwürfigkeit regelrecht aufdrängen. Natürlich sind die Alttiere im eigentlichen Wortsinne „dominant" (also bestimmend), aber dies ergibt sich ganz nebenbei aus ihrer größeren Erfahrung und Körperkraft und daraus, dass die Jungen ganz von ihnen abhängig sind. Schließlich würde man die Beziehung zwischen Eltern und Kindern in einer Menschenfamilie ja auch nicht in erster Linie als eine Dominanzbeziehung betrachten.

Unter Menschen

In einer Menschenfamilie haben Hunde „rangordnungsmäßig" gesehen eine komplizierte Position. Teilweise spielen Menschen für Hunde die Rolle der erfahrenen „Elterntiere". Sie sind auch der wichtigste Umweltfaktor für Hunde, von dem ihr Überleben abhängt. Die meisten Hunde akzeptieren Regeln, die Menschen aufstellen, recht bereitwillig. Andererseits sind sie eigenständige Tiere, die uns in manchem – z. B. der Sinnesleistung – überlegen sind. Wir übertragen ihnen Verantwortung, beispielsweise die Bewachung des Grundstücks. Gelegentlich erwarten Menschen von Hunden sogar, dass sie die Rolle eines menschlichen Gegenübers einnehmen, als Tröster, Gesellschafter oder Partnerersatz.

Kleine Egoisten

Hunde verfolgen natürlich ihre eigenen Interessen und versuchen, uns zu ihrem Vorteil zu manipulieren – manche hartnäckiger als andere. Ein Hund besitzt einen entwaffnenden Egoismus und tut, was ihm Spaß macht, ohne Rücksicht darauf zu nehmen, ob sein Verhalten „seinem" Menschen Probleme bereitet.

Einzelne Hunde können daher tatsächlich lästig oder im Ausnahmefall auch einmal gefährlich werden, wenn man ihnen nicht deutliche Grenzen setzt und auf der Einhaltung bestimmter Regeln besteht.

Friedliches Zusammenleben

Es ist aber überflüssig, den Hund durch eine Vielzahl eigens dafür aufgestellter Vorschriften „klein" zu halten, denn es gibt schon genug Regeln und Verbote, die er im Zusammenleben mit uns Menschen beachten muss. Es ist fraglich, ob sogenannte „Hausstandsregeln" dem Hund in Bezug auf die Rangordnung wirklich etwas bedeuten. Abteilungsleiter wird man schließlich auch nicht, indem man ins Büro spaziert und sich auf den Chefsessel setzt, sondern indem man Führungsqualitäten beweist. Es ist daher nicht wirklich von Belang, ob Ihr Hund auf dem Sofa schläft oder vor Ihnen durch die Tür geht. Überlegen Sie lieber, welche Regeln für Sie persönlich im Zusammenleben mit Ihrem Hund wichtig sind und stellen Sie dementsprechend ganz ohne Krampf Ihr individuelles Regelwerk auf.

Tipp
Die Sache mit der Dominanz

Wenn Sie nur halbwegs souverän auftreten und sich dem Hund gegenüber in den seltenen Fällen, in denen es nötig ist, auch einmal ruhig, aber bestimmt durchsetzen können, werden Sie keine „Dominanzprobleme" mit ihm bekommen.

Unter Wölfen verhindert deutliches Drohen oft echte Gewalt.

So leiten Sie das Rudel

Nachdem wir uns mit den Eigenarten des hundlichen Denkens befasst haben, kommen wir nun zum menschlichen Teil der Partnerschaft. Welche Eigenschaften braucht man, wenn man einen Hund gut erziehen und ihm gerecht werden will?

Lassie ade

Welpenbesitzer sagen oft: „Ich will ihn nicht besonders ausbilden und ihn nicht dauernd herumkommandieren – er soll uns nur überallhin begleiten." Sie bedenken dabei nicht, dass dieses „problemlos überallhin begleiten" äußerst hohe Anforderungen an den Hund stellt, die er in der Regel nur nach einer soliden Grunderziehung erfüllen kann. Je komplexer die Umwelt ist, in der ein Hund lebt, desto

Die wenigsten Hunde werden von ganz allein zu so angenehmen Begleitern.

eher ist die Anpassung eine Frage der überlegten Auswahl des Hundes und seiner guten Ausbildung. Den Kern trifft die ehrliche Antwort des Besitzers eines auffällig gut erzogenen, freundlichen und gelassenen Rottweilers auf die Frage, wie er es geschafft habe, dass sein Hund so brav sei: „Fünf Jahre Training."

Zu welchem Hund passe ich?

Damit Ihr Traumhund die Chance hat, Realität zu werden, müssen einige Voraussetzungen gegeben sein. Das fängt mit der richtigen Auswahl an. Obwohl es mittlerweile leicht ist, sich die nötigen Informationen über Hunde und ihre Bedürfnisse zu besorgen, werden leider immer noch viel zu viele Hunde unüberlegt gekauft. Die meisten ernsthaften Probleme bestehen darin, dass der Hund genau das tut, was von ihm aufgrund seiner Art, seines Rassetyps und seiner Vorgeschichte zu erwarten war. Sie wären durch eine vernünftigere Auswahl vermeidbar gewesen. Ausbaden muss sie dennoch meist der Hund.

Schließlich zeigt sich manchmal selbst bei besten Voraussetzungen und gründlicher Vorüberlegung, dass der Hund nicht alle Wunschvorstellungen erfüllen kann. Ist das bei Ihrem Hund so, sollten Sie fair genug sein, seine Grenzen zu akzeptieren und ihn so zu lieben, wie er ist.

Überlegungen vor dem Kauf

Wenn Sie hohe Erwartungen an Ihren vierbeinigen Begleiter haben, sollten Sie einen Hund wählen, der die Voraussetzungen dafür mitbringt, sie erfüllen zu können (passende Rasse, gute Sozialisierung).

→ Überlegen Sie vor dem Kauf, welchem Hund Sie die passenden Rahmenbedingungen bieten können.

→ Lügen Sie sich dabei nicht in die eigene Tasche! Warum sollten z. B. ausgerechnet Sie es schaffen, den starken Jagdtrieb einer bestimmten Rasse unter Kontrolle zu halten, obwohl sogar erfahrene Liebhaber dieser Rasse meist daran scheitern?

→ Haben Sie wirklich die Zeit, das Fachwissen und die Möglichkeit, mit dem Problemhund aus der Tierschutzsendung zurechtzukommen?

Von Hunden und Schweinehunden

„Es ist gut, wenn du weißt, was du willst; wenn du nicht weißt, was du willst, ist das nicht so gut." Dieser Schlagertext trifft voll auf die Hundehaltung zu. Je klarer Sie Ihre Erziehungsziele vor Augen haben, desto besser wird es klappen. Wissen, was einem wichtig ist, ist auch erforderlich, um die Energie, Willenskraft und eine gewisse Durchsetzungsfähigkeit aufzubringen, die man für die Hundeerziehung braucht. Dabei ist es oft gar nicht der Hund, dem gegenüber man sich durchsetzen muss, sondern vielmehr der innere Schweinehund. Ein Hund kann zwar ab und zu testen, wie ernst man es mit einer Regel meint und ob sie noch gilt. Viel öfter werden Sie jedoch gegen Ihre eigene Trägheit und Nachgiebigkeit oder gegen Widrigkeiten Ihrer Umwelt ankämpfen müssen. Auch wenn Sie alle fünf Minuten vom Schreibtisch aufspringen müssen, um Ihren Hund vom Sofa zu jagen – Ausnahmen darf es nicht geben.

Gar nicht so einfach: konsequent zu sein, obwohl einem gar nicht danach ist ...

Und wenn liebe Mitmenschen Ihre Bemühungen unterlaufen, dem Hund das Betteln oder Anspringen abzugewöhnen, müssen Sie freundlich auf Ihren Regeln bestehen – auch wenn Ihre Schwiegermutter dann beleidigt ist.

Unparteiische Rasse-Infos   **Tipp**

Informationen über Ihre Wunschrasse holen Sie sich am Besten bei Haltern dieser Rasse, bei Hundetrainern und Tierärzten. Dort hören Sie auch von den negativen Eigenschaften, die Züchter und Rassebuchautoren oft herunterspielen, weil sie „ihre" Rasse durch eine rosarote Brille sehen.

Anforderungen an den Hundehalter

Verlässlichkeit und Durchschaubarkeit

Ausnahmslos konsequent zu sein bedeutet, verlässlich und durchschaubar zu sein. Konsequenz in der Hundeerziehung heißt konkret:

Regel 1

Einmal beschlossene Regeln gelten ohne Ausnahme. Was erlaubt ist, ist immer erlaubt. Was verboten ist, ist immer verboten, und dieses Verbot wird auch stets durchgesetzt.

Das ist aber nicht etwa deswegen nötig, weil der Hund immer wieder versucht, seinen Willen durchzusetzen, obwohl er „genau weiß, was er soll". Sondern es ist umgekehrt: Wenn immer wieder Ausnahmen gemacht werden, hat der Hund keine Chance, die Regeln zu begreifen. Folglich verletzt er sie – unfreiwillig! – immer wieder. Den dadurch erzeugten Ärger würde er liebend gern vermeiden, wenn er nur wüsste wie. Daher ist es genau gesehen keine Nettigkeit, sondern eine Gemeinheit dem Hund gegenüber, ihm „ausnahmsweise" das Anspringen oder Auf-dem-Sofa-Kuscheln zu erlauben, nur weil uns Menschen gerade danach ist oder weil wir zu träge sind, die von uns selbst aufgestellten Regeln einzuhalten.

Regel 2

Auf bestimmte Handlungen des Hundes folgen stets dieselben Konsequenzen.

Das A und O der Hundeerziehung ist die konsequente Einhaltung aller aufgestellten Regeln. Klingt einfach, ist es aber oftmals nicht!

Da der Hund vor allem aus den Folgen (= Konsequenzen) seines Verhaltens lernt, müssen Sie dafür sorgen, dass diese Folgen auch regelmäßig und vorhersehbar eintreten. Sonst herrschen aus Sicht des Hundes völlig undurchschaubare, chaotische Verhältnisse. Er benimmt sich dann natürlich auch chaotisch und fühlt sich wahrscheinlich sogar so, weil er sich auf nichts verlassen und keine Zusammenhänge begreifen kann. Wie sollte es ein Hund z. B. verstehen, dass er beim Betteln am Tisch mal etwas bekommt, mal ignoriert und mal ausgeschimpft wird? Er wird sein „Fehlverhalten" beibehalten (schließlich hat er ja Erfolg damit!), aber nervös, kriecherisch oder stur werden, weil er seine Menschen als unberechenbar erlebt.

Manchmal geht es vorrangig darum, sich Kontrolle über die Folgen zu verschaffen, die das Verhalten des Hundes für ihn hat. Wenn Ihr junger Hund z. B. allein zu Hause oder im Garten ist, können Sie nicht verhindern, dass er für sich entdeckt, dass Teppich ankauen und Beete umgraben lustige Tätigkeiten sind und er über den Zaun klettern kann, wenn keiner guckt. Und wenn Sie ihm beibringen wollen, Leute nicht anzuspringen, Passanten ihn aber geradezu dazu ermuntern und damit trotz Ihrer Bitten nicht aufhören, müssen Sie ihn wohl oder übel an die Leine nehmen, um seine Lernerfahrungen in Ihrem Sinne beeinflussen zu können.

Regel 3

Für den Hund wichtige Schlüsselworte (Hörzeichen) und Gesten (Sichtzeichen) werden in immer gleicher Weise gegeben und kündigen immer dasselbe Verhalten des Menschen an.

„Sitz" ist für Ihren Hund etwas völlig anderes als „Setz dich schön". Und ein „Hier!" klingt mit heller Stimme ganz anders als im Kommandoton. Wenn Sie bestimmte eigene Handlungen mit immer denselben Worten oder Gesten ankündigen (z. B. jeweils vor dem Autofahren „Auto" sagen oder beim Spaziergang an Wegkreuzungen bevor Sie abbiegen stets in die Richtung zeigen, in die Sie gehen wollen), bekommen Sie mit der Zeit einen richtig klugen Hund mit einem großen „Wortschatz". Natürlich müssen Sie das, was Sie ankündigen, dann auch tun. Wer den Hund z. B. nach einem „Nein" hin und wieder in seinem Tun fortfahren lässt, kann nicht erwarten, dass der Hund wirklich gut auf das „Nein" reagiert. Denn mal heißt „Nein" „Sofort aufhören!" und mal „Du kannst ruhig weiter machen."

Regel 4

Hat Ihr Hund eine Übung beziehungsweise eine Regel begriffen, wird er nur noch für die korrekte Ausführung beziehungsweise wirklich gutes Benehmen belohnt.

Konsequenz heißt auch, Belohnungen (d. h. Ressourcen, die dem Hund wichtig sind und über die Sie verfügen wie z.B. Leckerchen, Spielzeug, Zuwendung, Beschäftigung, Freiheit usw.) bewusst und gezielt zu verteilen. Geben Sie sich nicht mit Halbheiten zufrieden! Belohnen Sie Ihren Hund nicht für die schlampige Ausführung einer Übung, die er schon längst sehr viel besser kann.

Sie müssen bereit sein, nicht nur Kumpel, sondern auch Erzieher und Lehrer Ihres Hundes zu sein.

Schnelles Handeln ist gefragt

Geschwindigkeit ist keine Hexerei

Als guter Hundeerzieher müssen Sie schnell auf das, was Ihr Hund tut, reagieren, ja womöglich schon vorbeugend eingreifen, ehe etwas passiert. Das gilt besonders für unerwünschtes Verhalten. Egal ob Ihr Hund aus dem Platz-Bleib aufsteht, verbotenerweise aufs Sofa springt oder versucht, sich aus der halb geöffneten Autotür zu quetschen: Sie haben keine Zeit, die Hände über dem Kopf zusammenzu-

Vor allem beim Bei Fuß gehen ist es entscheidend, im richtigen Moment zu belohnen.

schlagen oder lange nachzudenken – Sie müssen etwas tun, und zwar sofort. Wenn Sie dann nicht schon vorher überlegt haben, wie Sie reagieren wollen, werden Sie mit Ihren Maßnahmen wie die Kavallerie im Western immer eine Minute zu spät kommen.

Just in time

Mindestens ebenso bedauerlich ist es, wenn Sie den richtigen Moment zum Loben oder Belohnen verpassen. Denn Sie können sich und Ihrem Hund viel Unannehmlichkeiten ersparen und Tadel oder Strafen auf ein absolutes Minimum reduzieren, wenn Sie ihn für Wohlverhalten belohnen, noch ehe er einen Fehler gemacht hat. Dafür müssen Sie sich jedoch darauf „programmieren", Ihrem Hund bereits dann Aufmerksamkeit zu schenken, wenn er sich brav (also meist: unauffällig) verhält und nicht erst, wenn er sich danebenbenimmt.

Auf den Hund achten

Die schnellsten Erfolge erzielen Sie, wenn Sie Ihren Hund beim Lernen einer neuen Übung bereits für kleine Lernfortschritte belohnen. Wenn er z. B. bei Fuß gehen lernt, ist es anfangs schon viel, wenn er auch nur zwei bis drei Schritte aufmerksam mitgeht. Schade, wenn Sie das übersehen, weil Sie zu viel auf einmal erwarten. Denn wenn Sie die ersten zaghaften Versuche Ihres Hundes nicht entsprechend honorieren, wird er bald frustriert aufgeben. Entwickeln Sie also einen Blick für die kleinen Verbesserungen in seinem Verhalten und hegen und pflegen Sie diese durch Lob und Belohnungen.

Mit Weitblick und handwerklichem Geschick

Um all das hinzukriegen, müssen Sie möglichst genau einschätzen können, was Ihr Hund wohl als Nächstes tun wird. Das wiederum geht nur, wenn Sie etwas über Hundeverhalten wissen und Ihren eigenen Hund gut genug kennen, um seine Körpersprache richtig zu „lesen". Außerdem müssen Sie ihn natürlich immer gut beobachten, d. h. sich auf ihn konzentrieren. Sie brauchen ein Mindestmaß an handwerklicher Geschicklichkeit. Solange Sie sich selbst in der Leine verwickeln,

Auch das motivierende Spielen mit dem Hund erfordert einiges an Koordination.

statt Ihren Hund damit unter Kontrolle zu halten, oder immer wieder endlos in der Hosentasche nach Leckerchen fummeln müssen oder über Ihre eigenen Füße stolpern, werden Sie in der Hundeausbildung nicht viel erreichen. Die erforderlichen Handgriffe lernt man aber nur durch Übung in der Praxis. Also heißt es: fleißig üben.

Nur Mut!

Das alles klingt jetzt sicher so, als sei Hundeerziehung eine fürchterlich anstrengende Vollzeitbeschäftigung. Aber ganz so schlimm ist es nun auch wieder nicht. Denn es geht ja vor allem um Situationen, von denen Sie wissen, dass Ihr Hund noch nicht verlässlich ist. Naturgemäß ist dies bei jungen oder neu angeschafften Hunden noch oft der Fall. Später wird das Zusammenleben wesentlich bequemer. Es ist aber eine Tatsache, dass gute Hundeerzieher immer einen kleinen Teil ihrer Aufmerksamkeit beim Hund haben.

Beim Üben von „Sitz" bekommt der Hund das Leckerchen am besten, solange er noch sitzt.

Casting für Hundeerzieher

Wer Freude und Unmut deutlich ausdrücken kann, ist in der Hundeerziehung klar im Vorteil.

Als Hundeerzieher müssten Sie am besten Schauspieler sein und über ein ähnliches Körperbewusstsein verfügen wie ein Ballett-Tänzer. Das würde Sie dazu befähigen, Stimme und Körpersprache immer klar, ausdrucksstark und stimmig einzusetzen. Wenn Stimme und Körpersprache nicht logisch übereinstimmen (z. B. Lob mit verärgerter Stimme und gerunzelter Stirn oder „Nein!" mit dünner zaghafter Stimme und unsicherer Körperhaltung) wird Ihr Hund Ihnen höchstwahrscheinlich nicht „glauben".

Wechselbad der Gefühle

Ganz wichtig – aber auch besonders schwer – ist es, schnell zwischen den Extremen wechseln zu können. Falls Ihr Hund z. B. etwas Verbotenes tun will und Sie ihn deswegen scharf „anpfeifen", sollten Sie sofort wieder ein freundliches Gesicht machen und ihn ehrlich loben, wenn er sich daraufhin von dem verbotenen Ding ab- und Ihnen zuwendet. Alle Gesten dürfen gern etwas übertrieben werden! Ein wenig Schauspieltraining vor dem Spiegel ist also durchaus angebracht ...

Emotionen zeigen **Tipp**

Wenn Sie Ihrem Hund etwas verbieten wollen oder ihn tadeln müssen, sollten Sie das mit tiefer Stimme tun. Runzeln Sie dabei die Stirn, gucken Sie streng, gehen Sie direkt auf den Hund zu, nehmen Sie eine starre Haltung mit breiten Schultern ein usw. Loben sollten Sie dagegen mit betont heller, eher hoher und fröhlicher Stimme. Dazu lächeln Sie, bewegen sich locker und eher vom Hund weg. Zeigen Sie echte Freude und Begeisterung über eine gute Leistung.

Hunde-Animateur gesucht

Freie Bewegung und natürliche Erlebnismöglichkeiten sind heutzutage leider für viele Hunde eingeschränkt. Welcher Hund kann noch weitgehend ohne Leine laufen oder, wie früher auf dem Lande üblich, den ganzen Tag mit den anderen Dorfhunden herumstreunen? Hundesport, Beschäftigungsspiele, Zirkustricks usw. sind daher durchaus kein überflüssiger Schnickschnack und man macht damit auch keinesfalls einen „Affen" aus dem Hund. Diese Dinge sind vielmehr eine Möglichkeit, dem Hund das zu ersetzen, was ihm dadurch entgeht, dass er meist nicht mehr in seinem ursprünglichen Arbeitsgebiet eingesetzt wird und vielen Beschränkungen unterworfen ist. Stehen Sie also dazu, dass es Ihre Aufgabe ist, den „Animateur" für Ihren Hund zu spielen. Vor allem junge Hunde und Angehörige von ehemaligen Arbeitsrassen wollen etwas zu tun haben. Gibt man ihnen nichts vor, suchen Sie sich selbst ihre Beschäftigungen und das kann zu großen Problemen führen.

Die sittliche Reife

Es braucht wohl kaum betont zu werden, dass im Umgang mit dem Hund eine gewisse Selbstbeherrschung nötig ist. Es wäre z. B. fatal, ihn beim Zurückkommen anzuschreien, weil er Ihr Rufen zuvor „stundenlang" überhört hat. Sicher ist es verständlich, wenn Sie in manchen Situationen nahezu vor Wut überschäumen oder sehr enttäuscht von ihm sind. Sie dürfen diese Gefühle jedoch niemals an Ihrem Hund auslassen! Strafen sollte man eigentlich nie, wenn man wütend ist, sondern nur mit kühlem Kopf. Ein launischer Hundehalter ist eine Katastrophe!

Kinder und Hunde

Die nötige Selbstbeherrschung fällt Kindern naturgemäß schwer, zum Teil auch, weil sie dazu neigen, den Hund wie einen menschlichen Partner zu betrachten und sein Verhalten persönlich zu nehmen. Wenn Kinder und Jugendliche mit dem Hund umgehen oder sogar Teile der Erziehung übernehmen, müssen die Eltern immer ein Auge darauf haben, was abläuft, und sollten mit gutem Beispiel vorangehen. Kinder, die ihre Hunde anbrüllen oder gar schlagen, spiegeln oft das Verhalten der Erwachsenen wider. Andererseits ist „bewusste" Hundehaltung durchaus eine Chance zur Charakterbildung. Wer freundlich, geduldig und selbstbeherrscht mit Tieren umgeht und sie in ihrem Anderssein respektieren kann, hat sicher etwas gelernt, das ihm auch im Umgang mit seinen Mitmenschen zugute kommt.

Wenn Kinder mit Hunden spielen, sollte ein Erwachsener in der Nähe sein.

So wirst Du sein bester Freund

Hunde sind die besten Kumpel

Ist Dein Hund auch Dein bester Freund? Sicher wartet er schon auf Dich, wenn Du von der Schule kommst, hört Dir geduldig zu und ist zu allen Schandtaten bereit: Hauptsache, Du machst was mit ihm!

Kleine Sprachgenies

Hunde sind kleine Sprachgenies. Zwar verstehen sie nicht, was Du ihnen mit Worten sagst – obwohl sie die zum Teil auch lernen können –, aber sie beobachten Dich ganz genau. Ist Dir auch schon aufgefallen, dass Dein Hund weiß, wann Du wütend und wann Du traurig bist? Und ob Du ohne ihn zu Freunden gehen willst oder ob Du etwas mit ihm machst? Also spreche mit Deinem Körper: Freu Dich mit einem breitem Grinsen und fröhlichem Hüpfen, wenn er etwas gut gemacht hat, und runzle die Stirn und guck grimmig, wenn er Blödsinn macht.

Tolle Spielpartner

Die meisten Hunde spielen für ihr Leben gern. Was ist Euer Lieblingsspiel? Bällchen werfen? Tau ziehen? Das gehört zwar zu den beliebtesten Spielen, ist aber nicht immer gut. Dein Vierbeiner gerät schnell außer Rand und Band. Außerdem muss er seinen Grips nicht einsetzen. Lass ihn doch mal Leckerchen aufspüren, indem Du sie in Haus und Garten versteckst. Findet er sie hinter dem Blumentopf, unter dem Teppichrand oder auf einem unteren Ast eines Busches? Lob ihn, wenn er sie gefunden hat.

Trick-Dogs

Kann Dein Hund auch Tricks? Macht er Männchen, wenn Du ihm ein Stückchen Wurst über die Nase hältst? Lass ihn doch mal über einen Baumstamm balancieren wie ein Trapezkünstler oder über eine Hürde hüpfen wie ein Agility-Sieger. Locke ihn mit einem Stückchen Wurst und lobe ihn wie wild, wenn er es richtig macht.

Spielregeln für Hunde und Menschen

Für Hunde

→ Er darf spielen, aber Hände und Waden sind tabu. Sobald er in Hosenbeine zwicken möchte oder an den Händen knabbert, ist Schluss mit lustig. Brich das Spiel sofort ab.

→ Er hat seine eigenen Spielzeuge, mit denen er sich beschäftigen kann. Dein Teddy gehört Dir und den darf er nicht anknabbern. Auch hat er zwischen Deinen Legosteinen nichts zu suchen.

→ Pfoten runter! Wenn er Dich anspringt, drehst du Dich weg und ignorierst ihn. Erst wenn alle vier Pfoten auf dem Boden sind, bekommt er Deine Aufmerksamkeit.

Für Kinder

→ Dein Hund hat Ruhe verdient. Wenn er schläft, frisst oder Pipi macht, will er nicht gestört werden. Lass ihm etwas Zeit für sich, denn nur ein ausgeruhter Hund ist ein ausgeglichener Hund. Hunde brauchen etwa doppelt so viel Schlaf wie wir Menschen!

→ Verlier nicht die Geduld. Wenn es mal nicht klappt, darfst Du nicht wütend auf ihn sein. Überleg Dir, wie Du ihm den Trick beibringen kannst, damit er ihn versteht. Setze Deine Körpersprache ein und versuche es noch mal mit Geduld und Lob. Frag Deine Eltern, ob sie Dir helfen können.

2

Werkzeuge für Hundehalter

Erleichternde Hilfsmittel   34

Richtig belohnen   36

Hör- und Sichtzeichen   44

EXTRA

Welpen und Junghunde   40

Auf einen Blick

Die wichtigsten Signale   46

Das richtige Management
Erleichternde Hilfsmittel

Um das Verhalten Ihres Hundes zu beeinflussen, haben Sie folgende Möglichkeiten, die Sie wie Werkzeuge in einem Werkzeugkasten der Hundeerziehung betrachten können. Je nach Ziel, Situation und Hund kann mal das eine, mal das andere nützlich sein. Gut, wenn man weiß, wie jedes funktioniert und wann man es wofür einsetzen kann.

Management

Management bedeutet, dass Sie „technische" Mittel benutzen, statt Ihren Hund zu erziehen. Manche Dinge sind über Erziehung nur sehr schwer zu erreichen (z. B. dass Ihr Hund im Garten bleibt). Managementmaßnahmen

Ein leckerer Kauknochen verhindert so manchen Schaden an der Einrichtung.

(z. B. der Gartenzaun) schonen die Nerven aller Beteiligten. Auch wenn Sie Ihrem Hund einen Kauknochen geben, um ihn eine halbe Stunde zu beschäftigen, während Sie anderes zu tun haben, ist das Management. Mit technischen Mitteln (lange Leine, geschlossene Türen usw.) können Sie sich außerdem Kontrolle über die Lernerfahrungen Ihres Hundes verschaffen. Ein Mülleimer mit Klemmdeckel verhindert z. B., dass Ihr Hund die Erfahrung macht, dass es lohnend sein kann, im Müll zu wühlen.

Gefühlsmanagement

„Gefühlsmanagement" bedeutet, dass Sie Ihren vierbeinigen Freund möglichst nie Situationen aussetzen, in denen er vor Aufregung, Stress, Angst oder Wut außer sich gerät. Bemühen Sie sich außerdem, seine hundlichen Bedürfnisse so gut zu befriedigen, dass er sich ausgeglichen fühlen und benehmen kann. Das ist nicht nur ein Gebot der Fairness und der artgerechten Haltung, sondern eine äußerst wichtige Vorbeugemaßnahme gegen die Entstehung von Problemverhalten. Beispiele: Verschaffen Sie Ihrem Hund genug Bewegung und Beschäftigung, so dass sein Drang, aus Langeweile Dinge kaputtzubeißen und zu nerven, gering bleibt. Üben Sie das Alleinbleiben in so kleinen „Portionen", dass er sich nie aus Verlassensangst in einen Bell- und Jaulanfall hineinsteigern muss.

Beenden Sie ein sich hochschaukelndes Spiel zwischen Kind und Hund (oder mehreren Hunden), ehe Ihr Hund überdreht und beginnt zu kläffen und zu schnappen. Ängstigen Sie ihn nie durch unbeherrschtes Strafen so, dass er meint, Sie anknurren zu müssen.

Leine und Halsband
Leine
Neben einer normalen Hundeleine ist eine lange Leine (ca. sechs bis zehn Meter, eventuell mit Ruckdämpfer) sehr nützlich für die Erziehung. Allerdings kommt eine lange Leine bei einem großen Hund nur infrage, wenn er sie respektiert, was er am besten schon im Welpenalter lernt. Rennt er nämlich mit Anlauf hinein, kann man ihn nicht halten. Eine Ausroll-Leine ist zum Spazierengehen praktisch, damit Ihr Hund etwas mehr Bewegungsfreiheit hat. Für die Erziehung ist sie nur bedingt geeignet, weil die leichte Spannung ihn stets daran erinnert, dass er angeleint ist.

Ein längerer Spaziergang in Feld und Wald wäre an der kurzen Leine sehr langweilig.

Halsband oder Brustgeschirr
Um die Leine am Hund zu befestigen, brauchen Sie ein Halsband oder ein Brustgeschirr. Das Halsband sollte breit sein (bei großen Hunden mindestens zwei bis drei Zentimeter) und eng anliegen (so dass Sie gerade zwei bis drei Finger darunterschieben können). Aus einem zu locker umgelegten Halsband kann der Hund herausschlüpfen und es drückt außerdem sehr auf seinen Kehlkopf. Ein eng anliegendes Halsband verteilt dagegen den Zug oder Druck ggf. gleichmäßig um den ganzen Hals.
Ein Brustgeschirr ist ebenfalls eine gute Sache und eine Chance für einen Neuanfang, wenn ein Hund sich schon angewöhnt hat, am Halsband reflexartig zu ziehen. Es sollte ebenfalls eher eng anliegen, darf aber nicht unter den Achseln kneifen oder scheuern.

Ein Brustgeschirr ist eine hundefreundliche Methode, um eine Leine am Hund zu befestigen.

Das hast Du toll gemacht!

Richtig belohnen

Das richtige Timing

Lob und Tadel sind Hörzeichen, die eine Belohnung oder eine Strafe begleiten und vor allem auch ankündigen und dadurch das Timing-Problem lösen helfen. Wenn Sie Ihren Hund nicht in der richtigen Sekunde belohnen oder bestrafen können, können Sie ihm doch im richtigen Moment eine Belohnung oder Strafe ankündigen, was beinahe genauso wirksam ist, wie die Maßnahme selbst.

Lob

Loben Sie mit freundlicher, eher hoher Stimme und einem Lächeln. Am besten benutzen Sie zwei Sorten von Lob. Erstens ein ruhig gesprochenes (z. B. „Braaav"), mit dem Sie Zufriedenheit und Zustimmung ausdrücken und nach dem es gelegentlich eine Streicheleinheit und nur ab und zu ein Leckerchen gibt. Zweitens einen begeisterten kurzen Ausruf (z. B. „Fein!"), nach dem Ihr Hund jedes Mal ein Leckerchen oder Spielzeug bekommt. Mit diesem „Zauberwort" kennzeichnen Sie den Moment, in dem Ihr Hund etwas macht, das Sie belohnen wollen.

Richtig belohnen

Belohnungen sind ein sehr mächtiges Erziehungsmittel. Alles, was Sie regelmäßig belohnen, wird Ihr Hund mit der Zeit öfter und zuverlässiger tun. Allerdings nur, wenn die Belohnung

Für viele Hunde sind Spielen oder Apportieren wirksame Belohnungen.

ihn auch wirklich freut! Ein Leckerchen oder ein Spielzeug, das Sie ihm aufdrängen müssen, ist keine Belohnung. Zuwendung von Ihnen oder das tun zu dürfen, was er gerade will, dagegen schon! Wenn Sie Ihrem Hund z. B. die Tür öffnen, wenn er gerade hinaus will, ist das immer auch eine Belohnung für das, was er gerade in der Sekunde davor getan hat. D. h. er wird es bald häufiger tun – sei es drängeln und kläffen oder ruhig warten!

Leckerchen

Als Belohnung im Training sind Leckerchen am praktischsten. Sie sollten abwechslungsreich und schmackhaft, aber möglichst klein sein (für große Hunde etwa so groß wie ein Viertel Frolic-Ring, für kleine wie ein Katzen-Breckie). Bringen Sie die Leckerchen griffbereit unter. „Markieren" Sie stets mit dem Wort „Fein!" den Moment, in dem Sie Ihren Hund belohnen möchten. Erst danach greifen Sie nach dem Leckerchen. Ihr Hund wird so viel besser verstehen, wofür genau er das Leckerchen bekommt.

Gezügelte Gier — **Tipp**

Bringen Sie Ihrem Hund bei, Leckerchen vorsichtig zu nehmen. Überlassen Sie Ihrem Hund ein Leckerchen grundsätzlich nur, wenn er es vorsichtig aus Ihrer Hand nimmt. Kneift oder schnappt er, sagen Sie „Äh-äh" und halten das Leckerchen mindestens fünf Sekunden zurück, ehe Sie es ihm erneut anbieten.

Leckerchen-Lotto

Wenn Ihr Hund gerade etwas Neues lernt, belohnen Sie ihn jedes Mal, wenn er es richtig macht. So begreift er am schnellsten, was Sie von ihm wollen. Hat er die Sache begriffen, belohnen Sie nicht mehr jedes Mal. Statt „Fein" und Leckerchen gibt es ab und zu nur ein „Brav". Möglicherweise ist Ihr Hund anfangs etwas enttäuscht und macht vorübergehend nicht mehr so gut mit. Er wird sich aber schnell daran gewöhnen. Hat er akzeptiert, dass es nur noch für ca. jede dritte oder vierte Wiederholung eine Belohnung gibt, gehen Sie zum Zufallsprinzip über: Völlig unvorhersehbar für Ihren Hund gibt es mal eine Belohnung, aber manchmal (immer öfter) auch keine mehr. Dauerhaft auf alle Belohnungen verzichten können Sie allerdings nie. Wenigstens ab und zu muss er belohnt werden, sonst „streikt" er irgendwann.

Soll der Hund mit Futter belohnt werden, muss er unbedingt lernen, es vorsichtig aus der Hand zu nehmen.

Richtig strafen

Tadel

Verwenden Sie am besten auch zwei Arten von Tadel. Ein Hörzeichen (z. B. „Naaa!") bedeutet: „Hör sofort auf damit, sonst gibt es Ärger!" Sprechen Sie es mit tiefer, knurriger und etwas lauterer Stimme aus und schreiten Sie gegebenenfalls energisch ein, falls er es nicht sofort unterlässt. Ein anderes Hörzeichen (z. B. „Äh-äh") hat die Bedeutung: „Was du gerade vorhast, kannst du auch lassen, es funktioniert nämlich nicht!" Das „Äh-äh" wird freundlich-bedauernd ausgesprochen. Sollte er nicht darauf hören, strafen Sie ihn nicht, sondern sorgen Sie nur dafür, dass er keinen Erfolg hat, z. B. indem Sie ihn mit der Leine zurückhalten

Strafe hilft nur, wenn sie immer, sofort und angemessen angewandt wird. Verzichten Sie lieber darauf, wenn Sie die Anforderungen nicht erfüllen können.

oder etwas, das er sich nehmen wollte, aus seiner Reichweite schieben.

Strafe

Strafe ist sehr schwierig zu handhaben. Denn wenn Sie auf falsche Weise strafen (etwa für die falschen Dinge, im falschen Moment, zu oft), verfehlen Sie nicht nur Ihr Ziel, sondern ängstigen Ihren Hund und verlieren sein Vertrauen. Trotzdem kann Strafe gelegentlich angebracht sein. Es macht nur dann Sinn, darauf zurückzugreifen, wenn Sie Folgendes beachten:

→ Immer nur dann strafen, wenn Sie Ihren Hund auf frischer Tat ertappen – am besten, wenn er gerade dazu ansetzt, das Verbotene zu tun!

Ein Abdrängen des Hundes ist eine leichte Drohgeste und kann manchmal ungebärdiges Verhalten stoppen.

- So hart (aber individuell angepasst!) strafen, dass er beeindruckt ist. Er muss sein Tun sofort abbrechen!
- Sie müssen ihn ausnahmslos jedes Mal bestrafen, wenn er das entsprechende Verhalten ausführen will. Inkonsequenz ist absolut „tödlich".
- Hat Ihr Hund eine Tätigkeit bereits ein paar Mal ausgeführt und Spaß dabei gehabt, nützt Strafe nicht mehr viel. Strafen Sie also nur, wenn Sie ihn beim ersten oder zweiten Mal erwischen.

- Ebenso wie eine Belohnung sollten Sie eine Strafe ankündigen („Naaa!"). Hört Ihr Hund sofort mit seinem Tun auf, wird er nicht bestraft.
- Ignorieren Sie Ihren Hund nach einer Strafe einige Sekunden lang, damit er Zeit hat, sich wieder zu fassen.

„Unpersönliche" Strafen

Bei erwachsenen Hunden sollte man keinen Nackengriff benutzen. Erstens sollte er nicht mehr nötig sein, zweitens wissen Sie bei einem erst im Erwachsenenalter angeschafften Hund nicht, ob er sich das gefallen lässt. Gegebenenfalls kann man eine „unpersönliche" Strafe verwenden. Geeignet wäre z. B. der Strahl einer Wasserpistole oder ein „Wurfgeschoss" (z. B. ein Kissen oder eine Blechdose mit Münzen darin), das man in der Nähe des Hundes auf den Boden wirft. Auch dies sollte höchstens zwei bis drei Mal durchgeführt werden, um das „Naaa!" anzutrainieren.

Bei einem erwachsenen Hund kann man einen Schnauzgriff nur anwenden, wenn ein Vertrauensverhältnis besteht.

Welpen und Junghunde

Hundemütter haben in der Regel ein Engelsgeduld.

Unter Hunden

Welpen können ganz schön nervtötend sein. Die erwachsenen Hunde des Rudels reagieren auf ihre dauernden Spielaufforderungen, ihr Stupsen, Anspringen und Spielbeißen in der Regel sehr gelassen, ignorieren das meiste davon oder gehen einfach weg, wenn es ihnen zu viel wird. Doch irgendwann reicht es auch dem duldsamsten Althund. Er guckt drohend, knurrt oder bellt. Der Welpe versteht das anfangs nicht und macht munter weiter. Je nach Situation und Temperament umfasst der Althund dann die Schnauze des Welpen, schnappt warnend in seine Richtung (wobei es passieren kann, dass er ihn umschubst) oder straft die kleine Nervensäge etwas härter ab, indem er sie kurz zu Boden drückt. All dies bedeutet: „Schluss jetzt"! Mit der Zeit lernt der Welpe. Warnsignale und Knurren oder böse Gucken reichen aus, um ihn zu stoppen.

Strafen wie im Rudel

So können Sie das Verhalten eines erwachsenen Hundes gegenüber einem Welpen nachahmen, der nicht auf sein warnendes Knurren (unser „Naaa!") hört:

→ Machen Sie mit drohender Körpersprache und bösem Blick ein paar schnelle Schritte auf den Hund zu. Dazu schimpfen Sie – nur ein paar Sekunden lang – mit lauter, tiefer Stimme. Hat Ihr Hund nicht aufgehört, bis Sie bei ihm ankommen, schubsen Sie ihn unwirsch beiseite.

→ Greifen Sie ihm von oben für nur 1 bis 2 Sekunden mit offener Hand über die Schnauze und schieben diese zur Seite. Reicht das nicht, wiederholen Sie den Griff etwas härter, aber stets nur kurz.

→ Reicht der Schnauzgriff nicht, drücken Sie ihn mit offener Hand schnell und energisch für ein bis zwei Sekunden im Nackenbereich

Gewöhnung

Hunde müssen sich leider an manches gewöhnen, das für sie unnatürlich und eher unangenehm ist, wie z. B. allein zu bleiben, im Auto mitzufahren oder einen gewissen Lärm zu ertragen. Dabei wird oft der Fehler gemacht, den Hund gewissermaßen kopfüber ins kalte Wasser zu stürzen. Überfordert ihn dies – bekommt er Angst oder muss z. B. beim Autofahren brechen –, hat er einen sehr negativen ersten Eindruck von der Sache bekommen, was die weitere Gewöhnung extrem erschwert. Grundsätzlich muss eine Gewöhnung daher in so kleinen Schritten erfolgen, dass der Hund auf jeder Stufe noch gut mit der neuen Situation klarkommt. So behält der Kleine auch das Vertrauen.

Ein kurzer Schnauzgriff bedeutet „Lass das!", wirkt allerdings nicht bei sehr aufgeregten Hunden.

Je angenehmer die ersten Erfahrungen mit dem Auto sind, desto besser.

zu Boden. Gegebenenfalls wiederholen Sie das Ganze etwas härter. Auf keinen Fall schütteln, auf den Rücken drehen oder länger unten festhalten!

Nur wenige Anwendungen nötig

Der Nackengriff eignet sich vor allem für Welpen und Junghunde und sollte nur wenige Male nötig sein, um den Warnlaut „Naaa!" zu etablieren. Falls nach ca. ein bis vier Wiederholungen in verschiedenen Zusammenhängen das „Naaa!" allein nicht ausreicht, läuft etwas falsch. Vermutlich sind Sie zu langsam und zu lasch. Vielleicht haben Sie aber auch einen der eher seltenen erregbaren und stressempfindlichen Welpen, die bei jeder körperlichen Zurechtweisung eskalieren, statt sich zurückzunehmen. Greifen Sie dann auf andere Mittel (z. B. Management, Auszeit) zurück!

Ignorieren und Auszeit

Ignorieren

Vor allem bei aufmerksamkeitsheischendem und lästigem Verhalten wie Anspringen, Anbellen als Spielaufforderung, ständigem Anstupsen zum Gestreicheltwerden oder Betteln ist Ignorieren das beste Mittel. Tun Sie so, als sei Ihr Hund Luft, sobald er anfängt, Sie zu belästigen. Ignorieren heißt: nicht angucken, nicht anfassen und nicht ansprechen – auch nicht schimpfen! Umgekehrt schenken Sie ihm gezielt Aufmerksamkeit, wenn er sich manierlich benimmt. Man kann Hunde, die sich solch ein Verhalten bereits angewöhnt haben, nach diesem Schema auch umerziehen. Sie müssen allerdings mit „Trotzanfällen" rechnen: Ihr Hund wird zunächst noch hartnä

ckiger „nerven", wenn Sie ihn ignorieren. Bleiben Sie konsequent! Wenn Sie nachgeben, lernt er nur, beim nächsten Mal noch hartnäckiger zu sein.

Einsatz der Auszeit

Eine Art Steigerung des Ignorierens ist die so genannte Auszeit. Auszeit bedeutet, dass Sie Ihrem Hund gezielt etwas entziehen, das er haben möchte. Kurz gesagt: Verbannen Sie ihn vorübergehend aus Ihrer Nähe nach dem Motto: „Wenn du dich nicht benehmen kannst, kannst du eben nicht bei uns sein." Die Auszeit wird eingesetzt, wenn das Ignorieren nicht geht oder der Hund ein Verhalten zeigt, das ihm Spaß macht, auch ohne dass man ihm dafür Aufmerksamkeit schenkt.

So funktioniert's

Leiten Sie, sobald sich Ihr Hund „schlecht" benimmt, Ihre Erziehungsmaßnahme mit einem Kennwort ein (z. B. „Das war's!") und bringen ihn dann blitzschnell in einen Nebenraum (oder binden Sie ihn ein paar Meter entfernt an). Ignorieren Sie ihn etwa dreißig bis sechzig Sekunden, danach lassen Sie ihn wieder frei und tun so, als wäre nichts geschehen. Er hat nun die nächste Chance, sich gut zu benehmen. Wichtig ist, dass Sie das Wegbringen durchziehen, selbst wenn er sich mit allen vieren dagegenstemmen sollte. Sprechen Sie nicht mit ihm und fassen Sie ihn so wenig wie möglich

Schon das bloße Angucken des Hundes kann auf ihn ermutigend wirken.

an, da er dies als Aufmerksamkeit werten könnte. Damit Sie ohne entwürdigende Hetzjagd um den Wohnzimmertisch auskommen, sollte Ihr Hund in der Umerziehungszeit eine Schleppleine (ein bis zwei Meter) tragen, an der Sie ihn ergreifen können. Vermutlich müssen Sie die Prozedur ein paar Mal wiederholen, ehe Ihr Hund den Zusammenhang zwischen Unfug und Auszeit begreift, doch anschließend ist die Auszeit ein sehr wirksames Erziehungsmittel.

Sich durchsetzen

Vielleicht müssen Sie sich Ihrem Hund gegenüber auch mal per Zwang durchsetzen, z. B. wenn er für eine medizinische Untersuchung festgehalten werden muss, er im Auto versucht, auf die Vordersitze zu klettern, oder er an der Leine partout in eine andere Richtung will als Sie. Auch dabei kann es zu Reaktionen kommen, die einem Trotzanfall gleichen – besonders wenn Sie versäumt haben, solche Dinge im Welpenalter zu üben. Hunde können wie Eselchen bocken, sich wie ein Aal winden oder sich auf den Boden fallen lassen und schwer machen wie ein Kartoffelsack. Sie dürfen aber gerade dann keinesfalls nachgeben! Ihr Hund würde sonst die verhängnisvolle Erfahrung machen, dass er mit solchem Verhalten seinen Willen durchsetzen kann.

Ziehen Sie Ihr Vorhaben also trotzdem durch – ohne Bitten oder Zögern, aber Loben Sie ihn auch herzlich, sobald er nachgibt. Er wird das Ganze dann nicht übel nehmen und Sie werden sich auch nur wenige Male durchsetzen müssen. Traumatisch wäre es für ihn, wenn Sie ihn anschreien oder sonst wie einschüchtern oder zur Strafe absichtlich grob anpacken würden. Und natürlich dürfen Sie keinen Zwang anwenden, um ihn an etwas heranzuzerren, das ihm Angst macht!

Anfangs ist der Welpe noch etwas kitzelig und zappelt herum, wenn er angefasst wird. Doch später klappt es prima.

Hör- und Sichtzeichen lehren

Egal was Sie Ihrem Hund beibringen wollen – das Prinzip ist immer gleich. Zuerst müssen Sie wissen oder ausprobieren, wie Sie Ihren Hund dazu bringen können, das gewünschte Verhalten auszuführen (z. B. durch Locken mit einem Leckerchen). Loben und belohnen Sie ihn in diesem Stadium schon, wenn er das Richtige tut. Ein Hörzeichen verwenden Sie aber erst, wenn Sie sicher sind, dass Sie ihn zuverlässig und wiederholt dazu bringen können, das Gewünschte zu tun. Sagen Sie ab da das Hörzeichen dazu, und zwar jeweils nur einmal ca. zwei

Sekunden, ehe Sie das Verhalten auslösen. Im weiteren Verlauf der Übungen, während Ihr Hund durch Wiederholung Routine bekommt und sich das neue Hörzeichen merkt, bauen Sie allmählich die anfänglich verwendeten Hilfen und Lockmittel ab. Dabei wird z. B. aus der Lockbewegung mit dem Leckerchen in der Hand eine kleine Handbewegung (Sichtzeichen). Soll Ihr Hund auch lernen, auf das Hörzeichen allein (ohne unterstützendes Sichtzeichen) zu hören, lassen Sie die Zeitlücke zwischen Hör- und Sichtzeichen allmählich immer größer werden (bis

Aus der Lockbewegung mit dem Leckerchen wird allmählich ein Sichtzeichen.

Warten Sie nach dem Hörzeichen „Platz" ein paar Sekunden. Wenn nötig helfen Sie dann mit einem Sichtzeichen nach.

zu zehn Sekunden). Früher oder später reagiert er dann bereits auf das Hörzeichen allein. Loben und belohnen Sie ihn bis zu diesem Stadium noch jedes Mal, wenn er das Gewünschte tut.

Unter Ablenkung

Nachdem Ihr Hund das neue Hörzeichen (Sichtzeichen) in den Grundzügen begriffen hat, müssen Sie das Gelernte festigen. Für Ihren Hund ist nämlich noch lange nicht klar, dass ein in der ablenkungsfreien Küche gelerntes „Sitz" auch im Wohnzimmer gilt oder auf der Straße, wenn ein anderer Hund vorbeikommt. Gehen Sie die Übung also an ganz verschiedenen Orten und in ganz verschiedenen Situationen durch. Ist er dabei anfangs verwirrt oder abgelenkt (was ganz normal ist!), helfen Sie ihm mit der Lockbewegung vom Beginn des Trainings. Wiederholen Sie die Übung auf diese Art mindestens einige Hundert Mal, wobei Sie ihn immer noch sehr großzügig

loben und belohnen. Nun kennt Ihr Hund die neue Übung schon sehr gut und Sie können die Belohnungen verringern (siehe: „Richtig belohnen").

Kurze Wiederholungen

Damit Ihr Hund in Übung bleibt und noch zuverlässiger wird, müssen Sie alle ihm bekannten Hör- und Sichtzeichen immer mal wieder mit ihm durchgehen. Üben Sie aber immer nur wenige Minuten am Stück oder zwischendurch im Alltag. Fordern Sie Ihren Hund, indem Sie sich immer wieder neue Varianten der Übungen ausdenken und die Rahmenbedingungen weiter verändern (an anderen Orten, unter Ablenkung), aber überfordern Sie ihn nicht! Wenn Ihr Hund nicht mehr gut mitmacht, ist das in aller Regel ein Zeichen dafür, dass Sie Ihre Ansprüche zu schnell erhöht oder die Belohnungen zu schnell verringert haben – oder dass Sie ihn mit endlosen langweiligen Wiederholungen nerven!

Die wichtigsten Signale

„Sitz!"

Ausführung: Hund setzt sich
Hörzeichen: „Sitz!"
Sichtzeichen: nach oben gestreckter Zeigefinger

So bringen Sie es bei:
→ Klemmen Sie ein Leckerli zwischen Daumen und Mittelfinger, während der Zeigefinger als Sichtzeichen nach oben gestreckt wird.
→ Geben Sie das Hörzeichen „Sitz!" und führen Sie die Hand direkt über den Kopf des Hundes, bis sich der Hundepo zu Boden senkt.

→ Geben Sie dem sitzenden Hund sofort das Leckerchen und loben Sie ihn.
→ Nach 2 bis 3 Sekunden erfolgt das Auflösesignal „Lauf!"

„Platz!"

Ausführung: Hund legt sich
Hörzeichen: „Platz!"
Sichtzeichen: nach unten zeigende Handfläche

So bringen Sie es bei:
→ Klemmen Sie das Leckerchen zwischen Daumen und Zeigefinger. Die Handfläche zeigt waagrecht zum Boden.
→ Geben Sie das Hörzeichen „Platz!" und führen Sie danach die Hand vor dem Hund auf den Boden.
→ Wenn der Hund mit dem ganzen Körper folgt und sich hinlegt, wird er gelobt und erhält sein Leckerchen.
→ Geben Sie ihn nach 2 bis 3 Sekunden mit einem „Lauf!" frei.

So geben Sie Sicherheit

→ Alle Signale haben immer die gleiche Bedeutung und heißen immer gleich.
→ Hörzeichen werden immer in ruhigem, freundlichen Tonfall ausgesprochen.
→ Für korrekt ausgeführte Übungen gibt es immer ein Lob und anfangs auch jedes Mal ein Leckerchen.
→ Üben Sie zu Beginn nur kurz und enden Sie immer mit einem Erfolgserlebnis.
→ Beginnen Sie in einer ablenkungsarmen Gegend und steigern Sie die Umweltreize langsam während des Trainings.

„Bleib!"

Ausführung: Hund bleibt liegen oder sitzen
Hörzeichen: „Bleib!"
Sichtzeichen: Senkrecht gehaltene Handfläche, die wie ein Stoppschild zum Hund zeigt

So bringen Sie es bei:

→ Der Hund befindet sich im Sitz oder Platz. Sie geben Ihrem Hund das Hörzeichen „Bleib!", halten die Handfläche als Sichtzeichen in seine Richtung und entfernen sich 2 bis 3 Schritte.

→ Gehen Sie nun wieder zum Hund zurück, loben ihn und geben ihm sein Leckerchen.

→ Anschließend wird er mit einem „Lauf!" aus der Übung entlassen.

„Bei Fuß!"

Ausführung: Der Hund geht ohne Leine auf Kniehöhe neben Ihnen her
Hörzeichen: „Fuß!"
Sichtzeichen: Nehmen Sie ein sehr gutes Leckerli in die Hand und lassen Sie den Arm seitlich herunterhängen.

So bringen Sie es bei:

→ Sie halten ein Leckerchen in der Hand und rufen den Hund zu sich. Loben Sie ihn und positionieren Sie ihn an ihrer linken Seite.

→ Geben Sie dabei das Hörzeichen „Fuß!".

→ Halten Sie ihm das Leckerchen vor die Nase und gehen Sie 2 – 3 Schritte.

→ Der Hund befindet sich in der „Bei Fuß!"-Position, während er versucht, an das Leckerchen zu gelangen.

→ Nach 2 – 3 Schritten belohnen Sie ihn.

„Komm!"

Ausführung: Hund kommt freudig zu Ihnen
Hörzeichen: „Komm!"
Sichtzeichen: Gehen Sie in die Hocke oder stehen Sie mit lockerer Körperhaltung.

So bringen Sie es bei:

→ Üben Sie in ablenkungsarmer Umgebung. Rufen Sie Ihren Hund (Hörzeichen: Name des Hundes + „Komm!") anfangs nur, wenn er gerade guckt, sich ohnehin auf dem Weg zu Ihnen befindet oder Sie sich ganz sicher sein können, dass er auch wirklich kommen wird.

→ Während er auf Sie zuläuft, wiederholen Sie das „Komm!" mit freundlicher Stimme.

→ Bei Ihnen angekommen, wird er gelobt, bekommt ein Leckerchen und wird mit einem „Lauf!" wieder freigegeben.

An der Leine gehen

Ausführung: Der Hund geht an der lockeren Leine
Hörzeichen: keines
Sichtzeichen: stehen und gehen

So bringen Sie es bei:

→ Der Hund soll die Leine mit etwas positivem verbinden. Loben Sie ihn ruhig, wenn Sie ihn an- und ableinen.

→ Die Leine ist das Signal. Hängt sie locker durch, gehen Sie weiter. Strafft sie sich, bleiben Sie sofort stehen.

→ Wenn sich Ihr Hund Ihnen zuwendet und einen Schritt auf Sie zukommt – die Leine sich also wieder lockert, – loben Sie ihn und gehen weiter.

3

Erziehen und beschäftigen

Erziehungsbasics   50

Übungen für den Alltag   58

Gemeinsam unterwegs   66

Welpen-EXTRA

Sauberkeit und Ordnung   60

Auf einen Blick

Die tollsten Spaziergänge   70

Mit geballter Aufmerksamkeit

Blickkontakt und Folgen

Ganz entscheidend ist, dass Sie jederzeit die Aufmerksamkeit Ihres Hundes gewinnen können. Um ihm beizubringen, sich auf Ihr Zeichen zu Ihnen umzudrehen und gegebenenfalls näherzukommen, nehmen Sie, von ihm unbemerkt, ein Leckerchen in die Hand. Schnalzen Sie (alternativ: sagen Sie seinen Namen, klopfen sich ans Bein), wenn er gerade ein bis zwei Meter von Ihnen entfernt und nicht besonders abgelenkt ist. Schaut er sich daraufhin zu Ihnen um, loben Sie ihn augenblicklich überschwänglich und reichen ihm das Leckerchen. Falls Ihr Hund nicht reagiert, versuchen Sie es etwas später, wenn er weniger abgelenkt ist, noch einmal. Keinesfalls sollten Sie ihn an der Leine zu sich heranziehen! Reagiert er nach einigen Wiederholungen schon gut auf Ihre „Ansprache", loben Sie ihn wie bisher, wenn er sich umschaut, drehen sich

aber zusätzlich um und gehen flott von ihm weg. Holt er Sie ein, bekommt er sein Leckerchen. Das Weggehen motiviert ihn zusätzlich, denn Ihr Zeichen bedeutet für ihn: „Pass auf, dein Mensch läuft weg!"
Nach und nach üben Sie auch gezielt in Situationen mit einer gewissen

Hin und wieder können Sie testen, ob Ihr Hund auch bei Ablenkung schon gut auf Ihre „Ansprache" reagiert.

Superbelohnungen

→ Besondere Leckerchen: Leberwurstbrot, Trockenfisch, getrocknete Leber, Käse
→ Spiele: Tauziehen, Frisbee jagen
→ Sozialspiele: rennen, herumtollen, knuddeln
→ Beliebte Tätigkeiten: Ball/ Futter suchen, an interessanten Stellen herumschnüffeln, Spiel mit Hunden

Ablenkung. Die beiden Hilfsmittel „rasches Weggehen" und die „sofortige Leckerchengabe" können später weitgehend wieder abgebaut werden.

Dicht herankommen

Auch wenn Ihr Hund gern bei Ihnen ist: Jederzeit dicht heranzukommen und sich problemlos am Halsband fassen zu lassen, ist für ihn nicht selbstverständlich, da es nur zu oft das Ende der Freiheit bedeutet. Fassen Sie also gelegentlich einfach von unten oder von der Seite in das Halsband Ihres Hundes und ziehen ihn etwas zu sich heran. Loben Sie ihn, geben ihm aus der anderen Hand ein Leckerchen – und lassen ihn wieder laufen! So verknüpft er die Aktion positiv und gewöhnt sich nicht an, Ihrer Hand auszuweichen.

Anstupsen

Bringen Sie ihm am besten auch bei, dass er an Ihre Hand anstupst. Sie können ihn dann mit der Hand leicht dirigieren und eng zu sich heranlocken. Suchen Sie sich ein Handzeichen aus (Faust, Handfläche, „Victory"-Zeichen o. Ä.). Machen Sie Ihr Handzeichen wenige Zentimeter vor der Nase Ihres Hundes – er wird an der Hand schnuppern oder stupsen. Im selben Moment loben Sie („Fein!") und geben ihm ein Leckerchen aus der Tasche. Klappt das im Nahbereich, machen Sie Ihr Handzeichen auch, wenn er einige Meter von Ihnen entfernt ist und Sie gerade ansieht. Kommt er heran und stupst, loben und belohnen Sie ihn. Üben Sie auch, ihn mit dem Handzeichen an Ihre linke oder rechte Seite zu holen.

Menschenhände sind interessant. Daher lernen Hunde das Anstupsen schnell.

Komm und bleib bei mir
„Hier" und „Bei Fuß"

Wenn Sie die zuvor geschilderten Übungen zusammensetzen, haben Sie die Grundlage für das so wichtige Kommen auf Ruf. Machen Sie Ihren Hund aufmerksam oder warten Sie auf einen Moment, in dem er von sich aus guckt. Rufen Sie einmal mit freudigem Unterton (z. B. „Hier!"). Loben Sie ihn herzlich, während er auf Sie zuläuft. Kommt er näher, machen Sie Ihr Handzeichen. Ist er an Ihrer Hand angekommen, gibt es eine Belohnung. Erst nach etlichen Wiederholungen versuchen Sie ihn auch zu rufen, wenn er gerade abgelenkt ist. Um ihn zum Kommen zu motivieren, bewegen Sie sich von ihm weg und locken ihn anfangs mit einem Leckerchen oder Spielzeug. Bedenken Sie, dass Sie beim Rufen ohne Netz und doppelten Boden arbeiten, wenn Ihr Hund nicht angeleint ist! Fürs Kommen erhält er deshalb öfter eine Superbelohnung. Um die Verknüpfung mit dem Hörzei-

Grabschen Sie nicht nach Ihrem Hund – lassen Sie ihn zu sich heran kommen.

chen „Hier!" zu stärken, rufen Sie es immer mal wieder, wenn er ohnehin gerade auf Sie zuläuft. Vermeiden Sie es, zu rufen, wenn sowieso keine Aussicht besteht, dass er kommt.

„Lauf!"

Dieses angenehme Hörzeichen bedeutet für Ihren Hund, dass er jetzt wieder tun kann, was er will. Es hebt Hörzeichen wie „Fuß" und „Bleib" auf und nach dem Kommen schicken Sie ihn mit „Lauf!" los. Er wird das Wort schnell begreifen, wenn Sie ihn zum Aufstehen ermuntern oder ein wenig mit ihm spielen.

Bei Fuß gehen

Ihr Hund sollte lernen, auf Ihr Zeichen („Fuß!") heranzukommen und neben Ihnen zu gehen. Eventuell bekommen Sie ihn mit dem Schnalzen aus der ersten Grundübung oder mit dem Handzeichen für „Komm an meine Hand" dazu. Andernfalls nehmen Sie anfangs ein paar Leckerchen in die Hand und locken ihn damit. Zuerst halten Sie ihm das Leckerchen direkt vor die Nase, später nehmen Sie es höher. Loben und belohnen Sie ihn, wenn er herankommt und auch während er neben Ihnen geht – anfangs alle paar Schritte, später natürlich seltener. Funktioniert das regelmäßig, kommt das Hörzeichen „Fuß" dazu. Geben Sie ihn immer am Ende der Übung mit „Lauf!" frei.

prinzip": Sobald Ihr Hund zieht, bleiben Sie stehen (rot). Gehen Sie erst weiter, wenn er an lockerer Leine ungefähr neben Ihnen ist. Kommt er nicht von selbst zurück, ziehen Sie ihn nach einer Weile an Ihre Seite, warten einen Moment (gelb) und gehen dann weiter. Geht er so mit, dass die Leine locker bleibt (grün), loben und/oder belohnen Sie ihn gelegentlich und steuern ruhig auch mal Stellen an, zu denen er gern hin möchte (z. B. um zu schnuppern). Gehen Sie zügig, denn es ist für einen Hund eine Zumutung, sich Ihrem „Schneckentempo" anpassen zu müssen.

Stopp and Go

Wenn Sie absolut konsequent sind und schnell reagieren, können Sie das Problem in drei bis vier Wochen „geknackt" haben, gelegentliche Rückfälle bei starker Ablenkung (Hunde, Wild ...) oder Stress einmal ausgenommen. Der erste Spaziergang nach der neuen Regel wird der schlimmste sein. Eventuell kommen Sie in einer Stunde nur 200 Meter weit. Falls Sie im Alltag Probleme mit der Konsequenz haben, können Sie zwischen Halsband und Brustgeschirr wechseln: Am Geschirr darf Ihr Hund ziehen, am Halsband nie (oder umgekehrt).

An lockerer Leine

Da man nicht von einem Hund verlangen kann, ununterbrochen aufmerksam bei Fuß zu gehen, wann immer er angeleint ist, muss er lernen, nicht an der Leine zu ziehen. Ein spezielles Hörzeichen ist dafür nicht nötig, jedoch viel Durchhaltevermögen und eine eiserne Konsequenz Ihrerseits! Je früher im Leben Ihres Hundes Sie anfangen, desto besser. Am Besten geht das Training nach dem „Ampel-

„Bei Fuß ...
... und Voooran!"

So wunderschön aufmerksam kann er natürlich nicht den ganzen Spaziergang mitgehen.

> ## Tipp
> ### Zeit zum Tragen
> Viele Welpen sträuben sich bis zum Alter von ca. vier Monaten, an der Leine mitzugehen, weil ein starker Instinkt ihnen rät, beim Lager zu bleiben. Locken oder tragen Sie Ihren Welpen dann ruhig. Das Problem wächst sich aus.

Das kleine 1x1 für Hunde
„Sitz" und „Platz"

Traditionell bringt man dem Hund die Positionen „Sitz" (sitzen) und „Platz" (liegen) bei. Beides dient dazu, ihn für kurze Zeit an einen bestimmten Platz zu bannen. Im Alltag ist die Unterscheidung aber höchstens bei sehr großen Hunden wichtig. Sie können Ihrem Hund daher auch nur das meist einfachere „Sitz" beibringen und es ihm überlassen, ob er sich letztendlich hinlegen will, wenn die Übung etwas länger dauert. Dies empfiehlt sich z.B. bei kleinen Terriern oder Dackeln, die oft nur sehr ungern „Platz" machen.

Sitz

Halten Sie ihm ein Leckerchen ein bis zwei Zentimeter vor die Nase und bewegen Sie es nach hinten-oben. Wenn er dem Leckerchen folgt, setzt er sich automatisch – sagen Sie „Fein!" und geben ihm das Leckerchen.

Platz

Aus dem Sitzen bekommen Sie ihn ins Liegen, indem Sie ihm ein Leckerchen vorhalten und es senkrecht nach unten auf den Boden bewegen. Legt er sich, loben Sie ihn („Fein!") und geben ihm

Prinzipiell kann natürlich jeder Hund lernen, „Sitz" und „Platz" zu unterscheiden.

das Leckerchen. Klappt es nicht sofort, bleiben Sie hartnäckig. Versuchen Sie es gegebenenfalls mit besonders guten Leckerchen und auf einem weichen Teppich. Erst wenn Sie ihn reibungslos in die Positionen locken können, sagen Sie jeweils vorher das entsprechende Hörzeichen. Bei weiteren Übungen verbergen Sie das Leckerchen zunehmend in der Hand und reduzieren dann zentimeterweise die nötigen Hilfsbewegungen mit der Hand. In diesem Stadium beenden Ihr „Fein!" und das Leckerli die Übung. Sagen Sie aber in dem Moment, in dem Ihr Hund aufsteht, zusätzlich „Lauf!".

Bleib

Klappt das In-Position-Locken, zögern Sie den Zeitpunkt der Belohnung sekundenweise hinaus, bis Ihr Hund zwanzig bis dreißig Sekunden in der Position bleiben und auf das Leckerchen warten kann. Dabei sollten Sie kein Leckerchen mehr in der Hand haben und die Arme bereits locker hängen lassen.
Sie können nun beginnen, auch mal vom sitzenden (liegenden) Hund weg- und wieder zurückzugehen – zuerst nur einen Schritt, dann zwei, dann drei und so weiter. Halten Sie dabei seine Leine so, dass sie zwar am Halsband locker ist, aber nur wenige Zentimeter durchhängt. Steht er vorzeitig auf, hindern Sie ihn blitzschnell mit einem freundlichen „Äh-äh" und gleichzeitigem Kurzfassen der Leine daran, wegzugehen und sich anderweitig zu amüsieren. Beginnen Sie sofort danach von neuem mit der Übung. Wenn Ihr Hund immer wieder aufsteht, überfordern Sie ihn vermutlich gerade! Machen Sie die Übung leichter (weniger Ablenkung, geringere Distanz).

Beenden Sie die Übung stets nur, nachdem Ihr Hund mindestens zwei bis drei Sekunden in Position geblieben ist, einer Belohnung, die er noch in der Position bekommt und einem deutlichen „Lauf!" danach.

Behalten Sie Ihren Hund anfangs im Auge, während Sie sich von ihm entfernen.

Gib es mir!
Nein, Aus und Beutetausch

Dieser Hund gibt das Spielzeug nicht nur problemlos ab, sondern bringt es sogar freiwillig.

Nein

Nein („Naaa!") bedeutet: „Wage es nicht!" oder „Hör sofort auf!". Wie Sie es beibringen, ist im Grunde schon unter „Richtig strafen" erklärt. Am besten stellen Sie ein paar Übungssituationen. Legen Sie ein Leckerchen, einen Kauknochen oder ein Spielzeug vor sich auf den Boden und sagen Sie „Naaa!". Will Ihr Hund es nehmen, wiederholen Sie Ihr „Naaa!" und schubsen ihn weg. Reicht das nicht, gehen Sie zum Schnauzgriff und – falls auch das nicht reicht – zum Nackengriff über, jeweils vorher angekündigt durch ein weiteres „Naaa!". Nach wenigen Übungen sollte Ihr „Naaa!" auch im Alltag anwendbar sein, z. B. wenn Ihr Hund dazu ansetzt, etwas vom Tisch zu klauen.

Aus

Falls Ihr Hund bereits ein kleineres Objekt im Maul hat, haben Sie mit dem Nein aber unter Umständen schlechte Karten! Die meisten Hunde entdecken schnell, dass wir Menschen hilflos dastehen, wenn sie mit dem Objekt weglaufen oder es einfach herunterschlucken, was gefährlich werden kann, wenn es sich um Plastik, Silberpapier o. Ä. handelt. Üben Sie deshalb das „Aus!" (= „Gib mir, was du im Maul hast.") am besten schon, ehe Ihr Hund solche unerfreulichen Erfahrungen machen konnte. Und reagieren Sie möglichst gelassen, wenn Ihr Welpe draußen alles mögliche ins Maul nimmt. Das ist in dem Alter normal und wächst sich meistens ganz von allein aus.

Beutetausch

Ihr Hund hat einen Kauknochen, ein Spielzeug o. Ä., Sie haben etwas besseres, z. B. ein sehr schmackhaftes Leckerchen. Sagen Sie aus zwei bis drei Meter Entfernung freundlich „Aus!", gehen Sie zu ihm und halten Sie ihm Ihr „Tauschobjekt" vor die Nase. Lässt er sein Objekt los, um Ihres zu nehmen, ergreifen Sie es mit der anderen Hand, loben ihn, schauen es sich kurz an und geben es ihm wieder zurück. Das Tauschobjekt darf er ebenfalls behalten! Dass er das Wort „Aus!" positiv verknüpft hat, erkennen Sie daran, dass er bereitwillig seine Beute fallen lässt und Sie erwartungsvoll anschaut, wenn Sie „Aus!" sagen. Sie brauchen ihm nun nicht mehr jedesmal etwas zum Tauschen anbieten. Falls Sie seinen „Besitz" einbehalten müssen, sollten Sie ihn jedoch großzügig für seine Gabe „entschädigen".

Das ist aber meins!

Vielleicht hat sich Ihr Hund schon angewöhnt, in solchen Situationen auszuweichen, weil ihm „seine Beute" einfach mit Gewalt und unter Schimpfen aus dem Fang genommen wurde. Schließlich versteht er nicht, dass das gammelige Schinkenbrot seiner Gesundheit schaden könnte und dass Sie es nur gut mit ihm meinen. Üben Sie zuerst an der Leine und geben ihm vorerst nur etwas Gutes zu seinem Objekt dazu, bis er sein berechtigtes Misstrauen gegen Ihre Annäherung abgebaut hat. Sollte er sogar knurren, werfen Sie ihm das Leckerchen zu Beginn zu, so dass er ganz sicher sein kann, dass Sie ihm nichts wegnehmen werden. Im Lauf der Zeit wird er lernen, dass es sich lohnt, Sie an seine Beute zu lassen, da er sie entweder behalten darf oder etwas Besseres bekommt.

„Biete Waschbär gegen Leckerchen zum Tausch!"

Weitere sinnvolle Übungen

Die Decken-Übung

Es ist angenehm, wenn man den Hund dazu veranlassen kann, sich zeitweise abzulegen und sich ruhig zu verhalten. So kann er dabei sein, ohne Sie zu beeinträchtigen. Am einfachsten erreichen Sie das, indem Sie Ihren Hund lehren, auf einer Decke o. Ä. zu bleiben. Er darf darauf liegen, sitzen, stehen, sich kratzen, schlafen, ganz egal – er darf darauf tun und lassen, was er möchte, solange er auf der Unterlage bleibt und nicht weiter stört. Da es sich um eine „Langeweile"- und Entspannungsübung handelt, dauert sie von Anfang an etwas länger, circa 15 bis 30 Minuten.

Die Deckenübung können Sie später auch nebenbei bei der Hausarbeit üben.

Lob, Streicheln oder Leckerli gibt es bei dieser Übung nur ganz selten, wenn überhaupt, und nur, wenn Ihr Hund gerade entspannt ist, damit er richtig zur Ruhe kommt. Bei den ersten Übungen bleiben Sie ganz nah beim Hund und nehmen ihn an die Leine. Später können Sie nebenbei lesen oder fernsehen oder ihn auch frei ablegen und sich, je nach seinen Fortschritten, in der Wohnung herumbewegen, Hausarbeit verrichten usw.

Leg Dich

Breiten Sie die Decke aus und locken Sie Ihren Hund darauf. Sagen Sie ein Hörzeichen (z. B. „Leg dich"). Ab jetzt verhindern Sie umgehend all seine Versuche, die Decke zu verlassen, indem Sie ihn mit „Äh-äh", mit Leine oder Händen wieder zurückziehen beziehungsweise -schieben und sofort wieder loslassen (er lernt nichts daraus, wenn Sie ihn festhalten). Stoppen Sie ihn, sobald er die erste Vorderpfote über den Deckenrand setzt. Bleiben Sie ruhig und freundlich, aber konsequent. Protestjaulen o. Ä. ignorieren Sie. Knabbert er an der Decke oder Leine, verbieten Sie ihm das. Am Ende erlauben Sie ihm mit einem „Lauf!", die Decke zu verlassen, aber nur, wenn er sich zuvor ruhig verhalten hat. Sie werden sehen, dass die ersten Übungen zwar ein Geduldsspiel sind, Ihr Hund die Übung aber schnell akzeptieren wird.

„Geh voran"

Ebenso praktisch ist es, den Hund von sich wegschicken zu können, z. B. aus der Küche oder ins Auto. Stellen Sie sich mit ihm vor eine offene Tür und werfen Sie ein Leckerchen in den Raum. Loben Sie ihn, während er hineinläuft und es sich holt. Nachdem Sie den Vorgang einige Male wiederholt haben, täuschen Sie den Wurf nur an. Sobald Ihr Hund die Schwelle übertritt, loben Sie ihn und werfen ihm das Leckerchen hinterher. Wiederholen Sie den Vorgang, bis er durch die Tür geht, obwohl er weiß, dass Sie nichts geworfen haben. Gegebenenfalls wechseln Sie noch eine Zeit lang echte Würfe mit angetäuschten ab. Die ehemalige Wurfbewegung wird zum Sichtzeichen, dem Sie noch ein Hörzeichen (z. B. „Bitteschön") voranstellen können. Üben Sie an verschiedenen Türen und schließen die Tür auch mal kurz, wobei er sein Leckerchen dann erst bekommt, wenn Sie die Tür wieder aufmachen.

Ein gut erzogener Hund drängelt nicht an der Tür.

„Warte"

Das Hörzeichen sagt Ihrem Hund, dass er an Türen oder Durchgängen zurückbleiben soll. Leinen Sie ihn an und gehen Sie auf eine Türschwelle zu. Sobald er eine Pfote über die Schwelle setzen will, sagen Sie „Warte!" und stoppen ihn bzw. schieben oder ziehen ihn wieder zurück. Sobald er hinter der Schwelle ist, lassen Sie die Leine wieder locker. Wiederholen Sie den Vorgang, bis er auf Ihr „Warte!" von selbst hinter der Schwelle bleibt. Dann loben Sie ihn und ermuntern ihn entweder mit „Lauf!" oder „Komm", Ihnen zu folgen, oder gehen Sie zu ihm zurück. Üben Sie an verschiedenen Durchgängen und Türen, auch an der Heckklappe oder Tür Ihres Autos.

Manchmal möchte man ihn einfach gern für eine Weile aus der Küche haben.

Welpen-EXTRA
Sauberkeit und Ordnung

Lückenlose Überwachung

Falls Sie einen Welpen haben, muss er lernen, in der Wohnung sauber zu sein und nichts kaputtzumachen oder zu klauen. Dazu sollten Sie ihn unbedingt die erste Zeit rund um die Uhr entweder so beschäftigen und unterbringen (Laufstall, neuer Kauknochen), dass er nichts Falsches tun kann, oder ihn lückenlos beaufsichtigen. Geben Sie ihm genug zu spielen und zu erkunden, damit er nicht auf Ihre Wohnungseinrichtung angewiesen ist, um sich zu amüsieren. Knabbert er etwas an oder will es klauen, warnen Sie mit „Naaa!" und schreiten danach gegebenenfalls mit einer Strafe ein. Damit Sie ihn vor allem am ersten Tag nicht dauernd zusammenstauchen müssen, können Sie ihn auch mal einfach ablenken oder wegholen. Hauptsache, er tut nichts Verbotenes!

Stubenreinheit

Falls er sich anschickt, ein „Geschäft" in der Wohnung zu machen, unterbrechen Sie ihn und tragen ihn hinaus. Strafen Sie ihn in diesem Zusammenhang nie. Er würde nur verstört sein, wenn Sie ihn „angreifen", weil er sein Geschäft macht, da das unter Hunden völlig unüblich ist. Selbstverständlich dürfen Sie ihn auch nie im Nachhinein strafen! Ansonsten ist Stubenreinheit ein fast reines Verknüpfungslernen: Sorgen Sie dafür, dass Ihr Welpe so selten wie möglich drinnen macht, und er lernt ganz automatisch, wo das richtige „Örtchen" ist. Beschleunigen können Sie die Sache durch einen regelmäßigen Tagesablauf, indem Sie ihn oft hinausbringen, loben, wenn er sich draußen löst und gut darauf achten, wie Ihr spezieller Hund sich bemerkbar macht, wenn er mal muss.

Fast alle jungen Hunde „helfen" gern beim Fegen.

Nadelspitze Welpenzähnchen

Welpen beißen normalerweise im Spiel. Sie müssen jedoch schleunigst lernen, dass das nicht geht. Wenn Ihr Welpe in Ihre Kleidung oder Haut beißt, reagieren Sie am besten folgendermaßen: Rufen Sie „Aua!", wenden Sie sich abrupt ab und unterbrechen Sie das Spiel für mindestens zehn Sekunden. Reicht das nicht, „knurren" Sie „Naaa!", stehen dabei bocksteif da und starren einige Sekunden böse vor sich hin. Reicht das nicht, wenden Sie einen kurzen Nackengriff an. (Falls Ihr Welpe darauf mit Gegenwehr und Stress reagiert, wählen Sie stattdessen eine Auszeit.) Wenn Sie kleinere Kinder haben, müssen Sie gegebenenfalls selbst eingreifen. Nutzen Sie auch Managementmaßnahmen: Trennen Sie Kind und Hund, lenken Sie ab, unterbrechen Sie das Spiel, wenn es entgleist und allzu wild wird, oder noch besser, bevor das passiert.

Duldsamkeit

Mit allen Welpen muss man eine Art Zähmung durchführen. Hände, die nach ihm fassen, sollten für ihn etwas Angenehmes und kein Grund zur Aufregung sein. Fassen Sie Ihren Hund viel an. Streicheln Sie ihn mit langen, beruhigenden Strichen am ganzen Körper oder kraulen Sie ihn ausgiebig. Üben Sie, ihn zu bürsten, Ohren, Pfoten und Zähne zu kontrollieren und ihn ein paar Sekunden lang festzuhalten. Beim Welpen können Sie dies freundlich, aber bestimmt durchziehen, auch wenn er zappelt. Den erwachsenen Hund oder wehrhaften Welpen füttern Sie nebenbei mit Leckerchen und arbeiten sich behutsam zu den Stellen vor, an denen er nicht gern angefasst werden mag.

Wenn Ihr Welpe beim Streicheln anfängt, spielerisch zu beißen, brechen Sie den Kontakt ab.

Leinebeißen

Auch das Leinebeißen sollten Sie gar nicht erst einreißen lassen. Sagen Sie „Naaa!", sobald Ihr Welpe die Zähnchen an die Leine setzt. Hört er nicht sofort auf, nehmen Sie ihm die Leine mit einem Schnauzgriff aus dem Maul – notfalls zehn Mal hintereinander, bis er das Knabbern unterlässt. Geben Sie ihm dann (ja, erst dann!) eventuell etwas anderes zum Tragen und Spielen. Wenn ein Hund hartnäckig in die Leine beißt, kann das übrigens auch ein Zeichen von Stress sein! Machen Sie sich dann Gedanken, worin der Grund liegen könnte.

Unterbinden Sie das Leinebeißen besser sofort. Es kann sehr lästig werden!

Nicht lästig sein

Jetzt nicht!

Was Sie vielleicht anfangs noch niedlich finden, kann mit der Zeit sehr lästig werden. Überlegen Sie deshalb gut, ob Sie es fördern wollen, wenn Ihr Hund bettelt, mit Stupsen und Pföteln Streicheleinheiten verlangt oder bellt, damit Sie mit ihm spielen, spazieren gehen oder ihn füttern. Ziehen Sie rechtzeitig die Bremse, wenn er zu häufig oder zu aufdringlich solch forderndes Verhalten zeigt, indem Sie einfach nicht darauf eingehen. Nützlich ist auch ein Hörzeichen (z. B. „Jetzt nicht!"), das Sie jeweils sagen, ehe Sie selbst Spiel oder Streicheln beenden oder wenn Sie nicht auf seine Aufforderungen eingehen werden. Sie können ihn mit diesem Wort schon bald problemlos abweisen, wenn Sie gerade keine Zeit oder Lust haben, sich mit ihm zu beschäftigen. Wichtig bei all dem ist natürlich, dass Sie die Bedürfnisse Ihres Hundes nach Gesellschaft und Beschäftigung insgesamt nicht vernachlässigen!

Springen oder nicht springen?

Ein Hund, der niemanden anspringt, gewinnt allein dadurch viele Sympathien. Eigentlich lässt sich das Anspringen leicht abgewöhnen, indem Sie Ihren Hund konsequent vom allerersten Tag an nur dann beachten, wenn er mindestens die letzten drei bis fünf Sekunden unten war und ihn ignorieren, sobald er Sie anspringt. In der Praxis kommen einem zwei Dinge in die Quere:

Die lieben Mitmenschen

Erstens „liebe" Mitmenschen, die Ihre Erziehungsbemühungen untergraben, indem sie Ihren Hund streicheln, wenn er hochspringt oder ihn sogar zum Anspringen ermuntern. Handelt es sich um einen Ihnen bekannten

Hunde wissen schon ganz gut, wie sie uns herumkriegen können ...

Menschen, versuchen Sie am besten, ihn zur Mitarbeit zu bewegen. Hunde, die anspringen, können Personen ernsthaft gefährden, auch wenn sie „nur lieb" sind und deshalb in der Öffentlichkeit kaum von der Leine gelassen werden. Ihnen selbst drohen Anzeigen und Beschimpfungen. Wer Sie und Ihren Hund wirklich mag, wird also ganz sicher mitziehen. Passanten können Sie natürlich nicht jedes Mal einen langen Vortrag halten. Sie müssen Ihren Hund daher gegebenenfalls im Park ein paar Wochen lang an die (lange) Leine nehmen, um Begegnungen verhindern oder abbrechen zu können, die seiner Erziehung schaden könnten. Dasselbe gilt, wenn Sie Besuch bekommen.

Begrüßung auf Hundeart

Das zweite Problem ist der Hund selbst. Da der „Mundwinkelstoß" zum natürlichen Begrüßungsverhalten gehört, neigen viele Hunde sehr dazu, bei freudiger Erregung hochzuspringen, um das Gesicht des Menschen zu erreichen. Wurde dieses Verhalten bereits über längere Zeit durch Aufmerksamkeit verstärkt, kann es recht hartnäckig sein. Gegebenenfalls begrüßen Sie Ihren Hund einige Wochen lang nicht sofort beim Hereinkommen, sondern erst einige Minuten später. Dies nimmt einfach einiges an Aufregung aus dem Moment des Nachhausekommens und macht es Ihrem Hund leichter, sich zu beherrschen. Vielleicht können Sie seine Erregung auch umlenken, indem Sie ihm ein Spielzeug zum Herumtragen anbieten oder Leckerchen zum Suchen verstreuen oder ein paar flotte Gehorsamsübungen einschalten. Loben Sie ihn mit ruhiger Stimme, wenn er ein paar Sekunden unten bleibt. Nur wenn alle anderen Bemühungen versagen, sprühen Sie ihm, wenn er hochspringt, mit einer Blumensprühflasche Wassernebel direkt auf die Nase.

Ignorieren Sie Ihren Hund, wenn er allzu wild ist. Versuchen Sie, die Begrüßung ruhig ablaufen zu lassen.

Garten als Alternative?

Ein Garten ist zweifellos eine feine Sache. Auch aus Sicht des Hundes, der sich – dort allein gelassen – auf Hundeart vergnügen wird, indem er den Rasen mit Kratern versieht, die Sträucher schreddert und eifrig alles verbellt, was sich bewegt. Und falls der Garten nicht eingezäunt ist, dehnt er seine Aktivitäten auch auf die Nachbarschaft aus ...

Gartenpflege auf Hundeart

Im ersten Jahr mit einem Welpen schützen Sie am besten Pflanzen und Beete, die Ihnen wichtig sind, mit einem Drahtzaun und wappnen sich ansonsten mit Gelassenheit. Natürlich wird er Löcher buddeln, Zweige abkauen und auf den Rasen machen. Aber all das wächst sich aus. Erwachsene Hunde machen ihr Geschäft von sich aus lieber außerhalb des Gartens, da es ja auch zur Reviermarkierung dient. Und im zweiten Sommer wird es relativ einfach sein, dem nunmehr nicht mehr ganz so kindsköpfigen Hund klarzumachen, wo Buddelverbot herrscht und dass er die Sträucher in Ruhe lassen soll. Allerdings müssen Sie ihn dazu sehr gut beaufsichtigen.

Manchmal wirken sie doch so harmlos wie Gartenzwerge ...

Hereinkommen

Das Hereinkommen aus dem Garten wird oft zum Problem, da der junge Hund lieber draußen bleiben will. Geben Sie ihm daher ruhig öfter mal ein Leckerchen fürs Hereinkommen und rufen Sie ihn auch oft herein, nur um ihn anschließend sofort wieder hinauszulassen. Sollte er partout nicht hereinkommen wollen und stattdessen draußen wie wild herumrasen, ignorieren Sie ihn am besten. Auch solche „Rennfieberanfälle" wachsen sich aus. Notfalls lassen Sie Ihren Junghund in dieser Phase an der Leine hinaus, zumindest wenn Sie es eilig haben.

Gemeinsame Gartennutzung **Tipp**

Nutzen Sie Ihren Garten zusammen mit Ihrem Hund, aber nicht als „Abstellkammer" für ihn. Sonst sind Probleme vorprogrammiert.

Grenzen zeigen

Ihr Garten braucht keinen zwei Meter hohen Gartenzaun aufzuweisen, um Ihren Hund in Schach zu halten. Wenn Sie gut aufpassen, können Sie auch einen niedrigen Gartenzaun als symbolische Grenze etablieren, indem Sie die allerersten Versuche Ihres Hundes, darüber zu klettern oder zu springen (meist in der vorpubertären „Flegelzeit" mit fünf bis sechs Monaten), unterbinden.

Seien Sie dabei nicht zimperlich: Schubsen Sie ihn wortlos herunter, reißen Sie ihn mit der Leine zurück, werfen Sie einen Gegenstand, der gerade griffbereit ist, nach ihm oder bespritzen Sie ihn mit Wasser, je nachdem, was sich gerade anbietet. Hauptsache, er bekommt den Eindruck, der Zaun sei unüberwindlich!

Übereifriger Wächter

Wenn Ihr Hund territorial veranlagt ist (wie die meisten Hunde), wird er vermutlich spätestens in der Pubertät anfangen, Passanten anzubellen, die am Zaun vorbeigehen.

Wenn Ihr Hund draußen zuviel Lärm macht, holen Sie ihn herein.

Wenn Sie ihm erlauben, viel allein im Garten zu sein, ist das so, als stellten Sie ihn als Wachtposten auf. Gerade junge Hunde sind von dieser Aufgabe entweder begeistert oder gestresst und bellen daher übertrieben oft und heftig. Beschränken Sie also den Zugang zum Garten im Wesentlichen auf die Zeit, in der Sie auch draußen sind, damit Ihr Hund sich nicht zum Zaunkläffer entwickelt. Bellt er, rufen Sie ihn zurück (eventuell anfangs erst, wenn er sich etwas abgeregt hat) und belohnen ihn, wenn er zu Ihnen kommt. Dadurch können Sie das Gebell zwar nicht ganz verhindern, aber immerhin abkürzen.

Um Bellen am Zaun abzukürzen, üben Sie das Abrufen.

Wenn Sie mal weg müssen
Allein daheim oder gemeinsam unterwegs

Allein bleiben

Auch an das Alleinbleiben müssen Sie Ihren Hund in kleinen Schritten gewöhnen. Leichter geht das, wenn er gerade satt und müde ist. Beginnen Sie mit dem Anbinden oder Warten hinter einem Zaun oder Gitter. Er kann sich langsam daran gewöhnen, dass er nicht immer ganz dicht bei Ihnen sein kann. Binden Sie ihn zum Beispiel an, entfernen Sie sich einige Schritte und warten ein paar Sekunden. Bleibt er ruhig, gehen Sie wieder zu ihm und loben ihn. Sollte er bellen, jaulen oder an der Leine zerren, ignorieren Sie ihn und gehen erst wieder hin, wenn er mindestens drei Sekunden ruhig geblieben ist. Dehnen Sie die Zeit, die er warten muss, langsam aus.

Langsam steigern

Können Sie ihn ein paar Minuten anbinden oder hinter einer Abtrennung lassen, beginnen Sie mit dem Alleinbleiben. Ihr Hund sollte zufrieden und müde oder mit einem Spielzeug beschäftigt sein. Gehen Sie aus dem Raum und kommen nach kurzer Zeit wieder herein. Beachten Sie Ihren Hund kaum. Der Vorgang soll ganz normal sein. Nach und nach bleiben Sie etwas länger weg. Klappt es eine Viertelstunde, sind längere Zeitabschnitte in der Regel kein Problem mehr. Falls er jault oder bellt, machen Sie auf keinen Fall die Tür auf, ehe er nicht mindestens drei Sekunden still war!

Im Auto unterwegs

Autofahren ist für Hunde unnatürlich – kein Wunder, dass vielen dabei schlecht wird oder sie Angst bekommen. Eine Gewöhnung ist aber gut möglich, sofern sie in kleinen Schritten erfolgt. Üben Sie zuerst bei abgeschaltetem Motor, bis Ihr Hund sich wohl fühlt. Sitzen Sie einfach mit ihm im Auto und geben ihm ein paar Leckerchen. Dann machen Sie dasselbe mit eingeschaltetem Motor. Geht auch das stressfrei, fahren Sie einmal die Einfahrt rauf und runter. Bei der weiteren Gewöhnung vergrößern Sie die Strecke auf ein paar hundert Meter, dann auf ein bis zwei Kilometer usw. Sie können

Dinge wie Alleinbleiben und Autofahren müssen Hunde erst lernen. Gehen Sie in kleinen Schritten vor, damit Ihr Hund keine Angst bekommt.

Gute Manieren im und am Auto machen Ihren Hund zu einem angenehmen „Beifahrer".

z. B. einen Block weit fahren, aussteigen, spazieren gehen und wieder nach Hause fahren. Auf diese Weise macht Ihr Hund viele kleine Autofahrten, die so kurz sind, dass ihm gar nicht schlecht werden kann und die mit Annehmlichkeiten verbunden sind. Sichern Sie Ihren Hund im Auto mit einem Hunde-Sicherheitsgurt oder einem in die Karosserie eingehängten Netz oder Gitter. Üben Sie auch das „Warte!" an der offenen Tür oder Heckklappe und das Einsteigen.

Zu Fuß unterwegs

Ihr Hund möchte auf dem Spaziergang nicht nur frische Luft genießen und sich die Füße vertreten, sondern etwas erleben und gemeinsam mit Ihnen etwas unternehmen. Wenn Sie ihm keine Beschäftigungen anbieten, wird er sich selbst welche suchen, die Ihnen nicht unbedingt gefallen werden, wie z. B. Wild, Jogger, Fahrradfahrer und Katzen jagen, Wildfährten folgen, Unrat fressen, unkontrollierbar auf Hunde und Menschen zustürzen, um sie zu begrüßen, usw. Die Gefahr, dass einem der Hund aus Mangel an Führung „entgleitet", sich möglicherweise ein ernsthafteres Problemverhalten angewöhnt und schließlich, unkontrollierbar geworden, kaum mehr von der Leine gelassen werden kann, ist gerade im zweiten Lebenshalbjahr groß.

Versteckspiele fördern die Bindung zwischen Kind und Hund.

Bindung aufbauen

Binden Sie Ihren Hund daher im ersten Lebensjahr an sich, indem Sie sich viel mit ihm beschäftigen. Gehen Sie oft neue Wege. Machen Sie öfter unerwartete Tempo- und Richtungswechsel oder verstecken Sie sich heimlich. Gehen Sie im Großen und Ganzen zügig und ohne dauernd zu rufen, aber belohnen Sie ihn oft, wenn er von selbst zu Ihnen kommt oder mit Ihnen die Richtung wechselt. In unübersichtlichen Situationen oder wenn Sie unkonzentriert sind, gehört er an die Leine – lieber einmal zu oft als zu selten. Viele seiner Bedürfnisse (buddeln, herumschnuppern, markieren usw.) kann ein Hund sowieso ebenso gut an der (langen) Leine befriedigen.

Schleppleine Tipp

Bei Welpen und Junghunden ist ein Brustgeschirr mit ein paar Metern Schleppleine ideal. Sie haben so, wenn nötig, schneller Zugriff.

Begegnungen mit anderen Hunden

Hundebegegnungen

Natürlich brauchen Hunde Kontakt zu Artgenossen, aber manchmal wird dabei auch zu viel des Guten getan. Junge Hunde wollen zwar meist mit jedem Artgenossen spielen, dem sie begegnen. Aber viele erwachsene Hunde spielen nur noch mit wenigen festen Hundefreunden. Dafür ist jede Begegnung zwischen zwei fremden erwachsenen Hunden immer auch eine Art Machtspielchen. Das kann stressig für den Hund sein, auch wenn es meist nicht zu ernsthaften Auseinandersetzungen kommt. Achten Sie deshalb darauf, ob Ihr Hund wirklich gern Artgenossen trifft und gut mit ihnen auskommt. Falls er angespannt und mit viel Imponierritualen auf andere Hunde zugeht und öfter in Rangeleien verwickelt ist, tun Sie ihm keinen Gefallen, wenn Sie täglich mit ihm auf die Hundewiese gehen.

Nicht jeder Hund spielt gern mit jedem. Gerade ältere Hunde spielen am liebsten mit festen Hundefreunden.

Diese drei vertragen sich, aber manchmal kommt es auf Hundewiesen auch zu Stress.

Rüpel meiden

Weichen Sie Situationen aus, in denen Ihre Hündin von einem allzu aufdringlichen Rüden belästigt wird oder in denen Ihr Hund von anderen gemobbt (drangsaliert und herumgescheucht) wird – oder dies selbst mit anderen Hunden tut! Junge Welpen und Kleinhunde sollte man ebenfalls davor bewahren, von größeren Rüpeln als „Spielzeug" missbraucht zu werden. Wenn einer der beiden Hunde wiederholt in die Luft schnappt oder quietscht, sehr angespannt wirkt, die Rute einklemmt oder versucht zu fliehen, während der andere ihn niederhetzt oder ihn immer wieder zur Unterwerfung zwingt, ist das für beide kein gutes Spiel. Machen Sie kein Drama daraus, aber gehen Sie mit Ihrem Hund weg, falls er das Opfer ist, oder hindern Sie ihn daran, andere Hunde zu ängstigen.

Leinenbegegnungen

Wenn Ihnen ein angeleinter Hund entgegenkommt, nehmen Sie Ihren Hund bitte auch an die Leine und verständigen Sie sich gegebenenfalls mit dem anderen Hundebesitzer, ob er eine Begegnung zulassen will. Der andere Hund ist vielleicht ängstlich, bissig oder krank und sein Besitzer hat womöglich gute Gründe, einer Begegnung auszuweichen. Wenn Sie Ihren Hund einfach zu einem angeleinten Hund laufen lassen, ist das rücksichtslos bis gefährlich.

Lockere Leinen

Falls Sie Ihren Hund an der Leine zu einem anderen lassen wollen, sorgen Sie dafür, dass seine Leine locker ist, und versuchen Sie, die Hunde bei ihrer Kontaktaufnahme möglichst wenig zu behindern. Eine straffe Leine leistet Aggressionen Vorschub. Sie würgt den Hund, stresst ihn und behindert ihn in seinem normalen Ausdrucksverhalten, da er eine verfälschte Körpersprache hat, wenn er in der Leine hängt. Schlimmstenfalls kann sich daraus mit der Zeit eine Leinenaggression entwickeln, d. h. Ihr Hund randaliert an der Leine, wenn andere Hunde vorbeikommen. Vor allem sollten Sie nie zulassen, dass sich zwei Hunde an straffer Leine durch heftiges Ziehen zueinander vorarbeiten.

Abstand halten

Falls also an der Leine keine Begegnung stattfinden soll, halten Sie am besten von vornherein Abstand, so dass Ihr Hund gleich merkt, dass es diesmal kein Beschnuppern geben wird, und einigermaßen ruhig bleiben kann. Benutzen Sie zudem etwas „Hundesprache", um den beteiligten Hunden zu zeigen, dass diesmal ein neutrales Vorbeigehen erwünscht ist: Machen Sie mit Ihrem Hund einen deutlichen Bogen um den anderen Hund. Nehmen Sie ihn evtl. auf die vom anderen Hund abgewandte Seite. Versuchen Sie, ihn durch „Ansprache" und Leckerchen auf sich zu konzentrieren, damit er den anderen Hund nicht anstarrt. Diese Maßnahmen helfen nicht nur dabei, Aggressionen zu vermeiden, sondern auch einen verspielten Junghund an Artgenossen vorbeizubekommen.

Begegnungen mit Menschen

Diese Regeln gelten auch für das Vorbeigehen an Passanten, gerade, wenn Ihr junger Hund Fremde anspringen will. Holen Sie Ihn vorbeugend heran und geben ihm ein Leckerchen, wenn ein Jogger, Skater o. Ä. vorbeikommt.

Rechtzeitig zu üben, ruhig an Artgenossen vorbei zu gehen, beugt Aggressionen vor.

Übungsgruppen sind eine gute Gelegenheit, Hundebegegnungen zu üben.

Die tollsten Spaziergänge

Die beste Zeit am Tag

Manchmal ist ein Hundeleben ganz schön langweilig: Stundenlang in der Ecke liegen und dösen, da gilt der Spaziergang als Höhepunkt des Tages. Also sollten Sie ihn auch als supertollen Ausflug gestalten und nicht gedankenversunken immer dieselbe Runde an der Seite Ihres Hundes trotten und nach einer kurzen Pinkelpause wieder umdrehen.

Natürliche Hindernisse

Versteck spielen

War gerade Erntezeit und auf den Feldern liegen noch die Strohballen herum? Super! Dann nutzen Sie die doch für ein tolles Spiel! Wie wäre es mit verstecken? Spürt Ihr Hund Sie gleich auf, wenn Sie hinter einem großen Rundballen verschwinden? Wird er mit der Zeit schneller? Natürlich können Sie auch urplötzlich hinter Baumstämmen oder im hohen Gras „verloren" gehen. Sie werden merken, dass Ihr Hund in Zukunft viel besser auf Sie aufpassen wird.

Geschicklichkeitsspiele

Haben Sie einen kleinen Sportler, der elegant über Baumstämme balanciert wie auf einem Schwebebalken? Oder jeder Hürde nimmt wie ein Agilitychampion? Lassen Sie ihn über Baumstämme balancieren und auf Rundballen springen (sofern er fit und gesund ist).

Kunststückchen

Sie wohnen in einer Umgebung ohne Wald und Feld? Macht nichts! Dann müssen Sie als Turngerät herhalten. Kann er über Ihr Bein springen? Durch Ihre Arme hindurch? Oder sogar auf Ihrem Rücken landen? Das können Sie auch im Park, im Garten oder im geräumigem Wohnzimmer üben.

Für Nasentypen

Ihr Hund ist kein Spring-ins-Feld, sondern gehört eher zu den bedächtigen Typen? Kein Problem. Auch er kann sich ein wenig anstrengen.

Leckerchen-Spur

Legen Sie eine Fährte mit Leckerchen und lassen Sie ihn die Spur ausarbeiten. Am Anfang liegen die Leckerchen noch dicht an dicht auf kurzem Gras oder dem Wohnzimmerboden, später wird der Abstand größer und das Gelände schwieriger.

Für Futter tut er alles!

Ihrer zählt zu den immer Hungrigen, der für Futter alles tut? Na, gut! Dann lassen Sie ihn arbeiten. Hängen Sie Wurst- und Käsestreifen in den Wunderbaum und lassen Sie ihn ernten.

Verstecken Sie hin und wieder ein paar gute Brocken unter Laub, neben einem Stamm, auf einem Stein oder was sonst gerade kommt. Findet er sie?

Nicht mit leerem Maul

Ihr Hund muss immer etwas mit sich herumtragen? Dann soll er es ruhig tun. Geben Sie ihm auf dem Spaziergang einen Handschuh ab, den er tragen darf, den Regenschirm oder was er sonst so tragen und einsabbern darf. Sie können ihn auch ein kleines Körbchen tragen lassen, wenn Sie einkaufen gehen, oder er nimmt sein Stofftier oder seinen Dummy mit.

Bauen Sie ein paar Gehorsamsübungen ein

Ganz nebenbei lassen sich die Gehorsamsübungen einbauen: Zum Beispiel die Decken-Übung, während Sie die Fährte legen, „Sitz", bevor Sie gemeinsam balancieren, „Komm" wenn er zu Ihnen auf den Rundballen springen soll, „Aus", wenn Sie mit ihm Dummyarbeit machen und so weiter. So festigen Sie die Übungen und die Bindung ganz nebenbei, während Sie zusammen viel Spaß haben.

Los, komm! Spiel mit mir!

Ein fröhliches Lächeln, glänzende Augen und den Schalk im Nacken: Der gelbe Labrador strotzt nur so vor Tatendrang und seine ganze Körperhaltung sagt: „Los, lass uns etwas unternehmen!" – Wer kann da schon widerstehen?

Zerren nach Leibeskäften

Zerrspiele gehören zu den absoluten Lieblingsspielen. Es wird gezogen, gezupft, gerupft und geschleudert, was das Zeug hält. Das macht nicht nur Spaß, im Spiel werden die Muskeln gestärkt, die Sinne geschärft und Beutemachen geübt.

Spielerisches Gerangel

Einer liegt am Boden, der andere steht drüber: Schachmatt? Von wegen. Hundespiele sind Rollenspiele, bei denen auch Konfliktsituationen erprobt werden. Dort werden auch mal Zähne gezeigt und das Fell aufgestellt, aber alles so übertrieben, dass der andere weiß: Alles nur Spiel, mein Freund!

Szenen von der Spielwiese

Kräftemessen unter Freunden

Nicht nur mit Zweibeinern wird um die Wette gezogen, auch befreundete Vierbeiner rangeln um das Spielzeug. Ist das Spiel ausgewogen, darf mal der eine gewinnen und mit der Beute wegrennen, dann werden die Rollen gewechselt und der andere ergattert den Lindwurm und macht sich von dannen.

Mutprobe

Beim Spiel werden Sachen erforscht, die auch ein bisschen gruselig sind. Dieser Welpe betritt todesmutig den bunten Tunnel. Wahrscheinlich ist ihm noch etwas mulmig, aber seine Neugier siegt und mit Forscherdrang tapst er in die dunkle Höhle mit dem knisternden Untergrund.

Fix und fertig

Die Kleinen sind zwar die größten Spieljunkies, aber ihnen geht schneller die Puste aus, als ihnen lieb ist. Allerhöchste Zeit für ein kleines Nickerchen, bei dem alle neuen Sinneseindrücke verarbeitet und abgespeichert werden. Spielen kann sooo anstrengend sein!

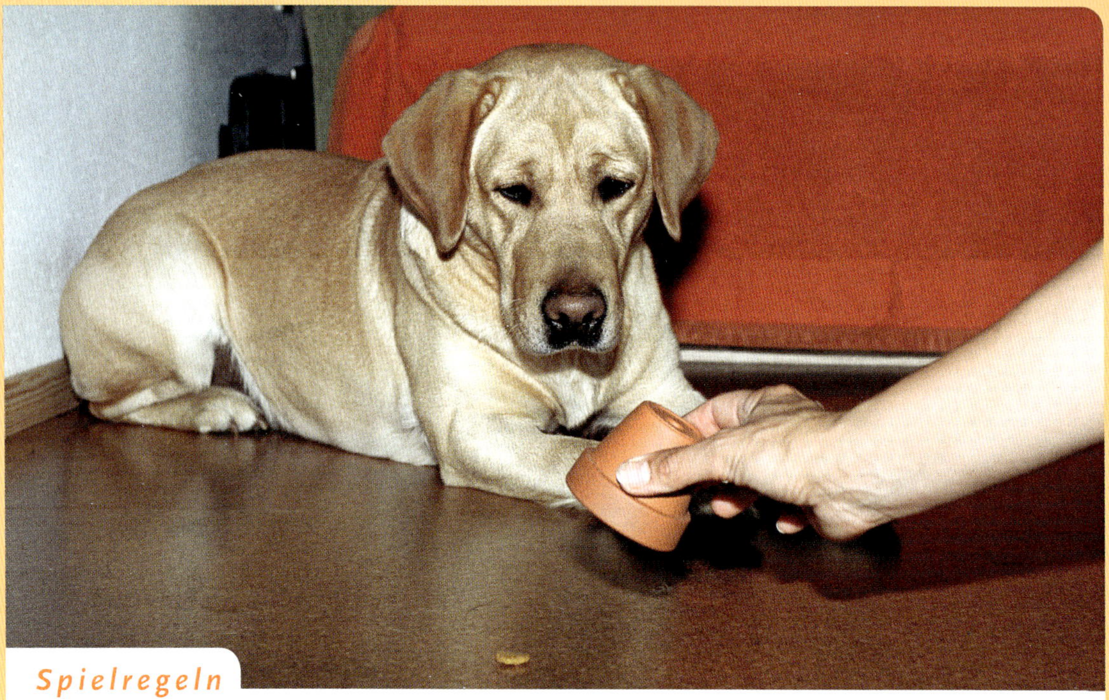

Spielregeln

Man braucht: Einen aufmerksamen Hund, einige Leckerchen und kleine Blumentöpfe. Vor den Augen des Hundes wird das Leckerchen auf den Boden gelegt und der Blumentopf darübergestülpt. Bisher ist's noch ganz leicht!

Da ist's drunter!

Die Hündin hat gut aufgepasst. Sie steht auf und tippt das Töpfchen an. Super! Der Jackpot wird gelüftet und sie darf den Gewinn fressen. Aber bei einem einzigen Hütchen und einem Leckerchen können auch noch Langsam-Denker mithalten.

Noch ein Hütchen

Nun kommt ein neues Blumentöpfchen ins Spiel, aber nur unter einem befindet sich das Leckerchen. Hochkonzentriert und mit gerunzelter Stirn verfolgt die Hündin das Geschehen. Man muss schon aufpassen, um keinem Bluff aufzusitzen.

Für Hütchenspieler

Hütchen wechsel dich

Höchste Schwierigkeitsstufe: Die Hütchen werden gemischt, aber nur ganz langsam, am besten im Zeitlupentempo, wobei z.B. das linke nach rechts und das rechte nach links verschoben wird. Ansonsten ist es zu kompliziert für den Vierbeiner und er scheitert.

Zielsicher erkannt

Aufstehen, ein Blick, ein Atemzug, die Nase dicht an das Loch gepresst. Kein Zweifel: Unter diesem Töpfen befindet sich das Leckerchen. Die Hündin ist sich ihrer Sache sicher – keine Chance für Trickbetrüger.

Gewinnausschüttung

Na, gut! Du hast gewonnen. Das Töpfchen wird gelüftet, der Sieger darf die Prämie entgegennehmen. Herzlichen Glückwunsch für den Meisterdetektiv mit der vorzüglichen Nase und dem aufmerksamen Blick!

4

Hundespiele rund ums Jahr

Spielespaß zum Mitmachen   78

Angepasstes Spielen   82

Damit's immer Spaß macht   84

Spielfreude fördern   86

Auf einen Blick

So spielen Sie richtig   88

Sie kommen sich albern dabei vor? Keine Angst: Das gibt sich!

Beim Zerrspiel darf Ihr Hund ruhig mal als Sieger hervorgehen. Das stärkt sein Selbstbewusstsein. Nach dem Spielen allerdings gehört die „Beute" Ihnen.

„Vorne tief, hinten hoch", den knuffeligen Dino zwischen den Zähnen ... Bonnie weiß ganz genau, was das bedeutet: Frauchen ist in Spiellaune. Keuchend, den Fang weit geöffnet, tänzelt die Hündin auf und ab, dreht sich ruckartig im Kreis, hopst auf allen vieren, stupst Frauchen (die immer noch Dino tragend am Boden lauert) auffordernd mit der Schnauze an, bellt laut. „Los geht's! Worauf warten wir noch?"

Los geht's!
Und ab geht die wilde Toberunde: Frauchen springt auf, juchzt, versteckt den Dino hinter den Beinen, lässt ihn vorblitzen, weg ist er wieder. Da: Kurz lugt er hervor – Bonnie kann ihn erhaschen und saust damit ins hohe Gras. Dann zwischen den Halmen hervorblinzelnd:

„Hey, Frauchen, hier bin ich!" Ein angedeutetes Nachspurten von Frauchen, und Bonnie prescht davon. Aber Frauchen gibt sich uninteressiert an einer weiteren Verfolgungsjagd, beschäftigt sich stattdessen scharrend am Boden. Plötzlich ist Bonnie wieder da, lässt den Dino fallen und schnuppert erregt an der vermeintlich spannenden Grasnarbe. Zack! Frauchen ergattert das Spielzeug und wirft es unters Gebüsch: „Bring den Knuffel!"

Auf zur nächsten Runde
Bonnie rennt los, zwängt sich unter die Hecke. Nach einer Weile kommt ein Dino zum Vorschein und dann seine stolze Trägerin. „Braves Mädel! So ist's fein!", flötet Frauchen, schnappt sich den Dino, lässt ihn erst fiepend übers Gras huschen, dann mit tief brummen-

der Stimme ganz langsam hin und her wanken. Bonnie nutzt die Gelegenheit, packt ihn am Bein, zerrt aus Leibeskräften. Frauchen hält dagegen. Bonnie rackert sich ab. Die Hinterhand hat sie in die Erde gestemmt, die Vorderpfoten heben bereits ab: Ihr Knurren wird lauter und lauter. Aus voller Kehle stimmt Frauchen ein. Für Außenstehende mag dieses Knurrduett womöglich bedrohlich klingen. Doch von Gefahr keine Spur. Alles ist Spiel und völlig normal. Den ungleichen Sparringpartnern macht's Spaß – und allein darauf kommt es an.

Das war's

Schließlich ertönt ein unmissverständliches „Das war's". Im selben Augenblick öffnet Bonnie den Fang, gibt den Dino frei: „Dein Knuffel, Frauchen, bitteschön!"
Die „tot geschüttelte Beute" in den Händen haltend, begutachtet Frauchen das Bringsel gebührend, anschließend macht sich das Gespann auf den Heimweg. Kurz vor der Eingangstür überlässt Frauchen Bonnie das Spielzeug. Ins Haus hinein darf es die Hündin tragen. Stolz stakst sie damit durch den Flur ins Wohnzimmer. Dort verschwindet der Dino in der Spielebox – bis zu seinem nächsten Auftritt. Bonnie fällt ausgepowert in den Wassernapf, Frauchen setzt sich seufzend an den Computer …

Spielen – Lebenselixier für den Hund

Jeder Hund kann spielen, und jeder Hund muss spielen! Denn Spielen ist lebenswichtig – nicht nur für die Jüngsten, die dabei wichtige Erfahrungen für ihr späteres Leben sammeln, sondern auch für die Erwachsenen, selbst für die betagten Senioren.

Spielen macht den Alltag spannend und ist meist kinderleicht umzusetzen. Bei Übungen wie dem „Flug-Leckerchen fangen" kann man seinen Vierbeiner schnell auf sich konzentrieren, womit rasch Ruhe in ein allzu rasantes Tobespiel kommt.

Denn auch sie brauchen das regelmäßige Spiel (allein, mit Menschen oder Artgenossen), um körperlich ausgelastet und mental befriedigt zu sein. Außerdem fördert Spielen die sozialen Beziehungen. Ein Hund, der nie spielen darf oder der nie mit hundegerechten Aufgaben betraut wird, ist nicht nur unausgeglichen, er verkümmert zudem – körperlich und seelisch.
Wie begeistert und ausdauernd ein Hund spielt und welche Spiele er im Einzelfall bevorzugt, hängt von seiner Rasse, seiner Persönlichkeit und den Erfahrungen ab, die er in Sachen „Spielen" bereits gemacht hat. Frühzeitige spielerische Beschäftigung mit dem Menschen fördert die Spielbegeisterung eines Hundes, egal welcher Rasse er angehört.

Für jeden das Richtige
Rassespezifisch spielen

Läufer, Schnüffler und Höhlenfreunde

Lauffreudige Hunde lieben rasante Bewegungsspiele in offenem Gelände, wobei die Windhundtypen gern ihrem Hetztrieb nachgeben und eine Spielbeute (die sie überwiegend mit den Augen orten) über längere Strecken verfolgen. Hunderassen mit ausgeprägtem Stöber- oder Apportiertrieb hingegen suchen vor allem schnüffelnd nach ihrer „Beute", mit Vorliebe in dichtem Bewuchs oder im Wasser. Und sie schleppen dabei voller Tatendrang alles an. Sie tun dies in der Regel weich-

Vor allem Jagd- und Hütehunde haben stets ein wachsames Auge auf das, was sie umgibt.

mäulig, das heißt, sie nehmen das Bringsel so sanft zwischen die Kiefer, dass es unbeschadet am Zielort anlangt. „Bauhunde" indes buddeln für ihr Leben gern. Sie stecken mit Begeisterung ihren neugierigen Riecher in jede noch so enge Röhre und zwängen ihren geschmeidigen Körper gleich hinterher. Ein ums andere Mal ein lustiges Apportel suchen und bringen, das ist für diese drahtigen Burschen oft nicht so spannend. Und weichmäulig herbeibringen, das ist auch nicht ihr Ding. Schließlich wurden sie zu völlig anderen Zwecken gezüchtet ...

Apportieren bis zum Abwinken ... Wer macht wohl zuerst schlapp, der Werfer oder der Apporteur? Bei manchen Spielen braucht man kaum eine Abwandlung, andere werden schnell uninteressant.

Beobachten und zusammentreiben

Hunde mit Hüteeigenschaften, um noch ein letztes Beispiel zu nennen, sind exzellente Späher. Mit ihrer einzigartigen Beobachtungsgabe schaffen es nicht bloß Border Collies und Working Kelpies, Schafe oder andere Weidetiere beieinanderzuhalten, auch die meisten anderen Mitglieder dieser Rassegruppe sind gute Helfer beim Zusammentreiben und Hüten einer Herde. Mit ihrer einzigartigen Beobachtungsgabe registrieren sie jeden Fingerzeig, und sie lassen das, worauf sie sich konzentriert haben, so schnell nicht wieder aus den Augen. Für diese Vierbeiner eignen sich neben flotten Bewegungsspielen vor allem spielerische Aktivitäten, bei denen ihre wachen „Seher" und ihre grauen Zellen gefordert sind.

Ausnahmen bestätigen die Regel

Doch trotz aller Rassespezifika: Stets gibt es Vierbeiner, die, was ihre Beschäftigungsvorlieben anbelangt, deutlich aus ihrer jeweiligen „Rassenorm" herausfallen, und z.B. als typische Apportierhunde viel lieber buddeln und springen als ausdauernd suchen und bringen. Pauschale, rassebezogene Spiel-Empfehlungen sind daher fehl am Platz. Stattdessen ist es an uns herauszufinden, welche Spiele und Spielarten sich für unseren Hund am besten eignen, ihn auslasten und zufriedenstellen. Probieren Sie es aus.

Ansprüche langsam steigern

Verlangen Sie nicht gleich zu viel von Ihrem Hund! Stellen Sie zunächst kleine Aufgaben, dann erst fordern Sie ihn heraus. Und achten Sie bei allen Spielkreationen, die Sie sich ausdenken, darauf, dass sich mentale und körperliche Beanspruchung die Waage halten. Denn es muss nicht immer bloß Muskeltraining sein, auch Gehirnjogging ist spannend und bereitet fast jedem Vierbeiner Vergnügen. Hundegerechte Knobel- und Geschicklichkeitsspiele sind eine ideale Freizeitbeschäftigung – für drinnen und draußen, im Winter wie im Sommer. Bringen Sie Ihrem Vierbeiner jedoch keine Handlungsweisen bei wie etwa eine Türklinke drücken, eine Schublade öffnen oder einen Lichtschalter betätigen. Denn Sie sollten nicht darauf vertrauen, dass Ihr Hund solche Handlungen immer nur dann ausführt, wenn er dazu aufgefordert wird. Ist er länger allein zu Hause, wird's ihm womöglich langweilig, und er nimmt solche Aufgaben schon mal ohne das entsprechende Kommando in Angriff.

Nadelspitze Welpenzähnchen und kräftige Kiefer erfordern robustes Spielzeug. Bälle müssen stets etwas größer sein als der Rachenraum, damit sie nicht verschluckt werden können oder im Schlund hängen bleiben und zum Ersticken führen.

Ein Gesundbrunnen

Angepasstes Spielen

Spielbegeisterung hin, Spielbegeisterung her: Die körperliche Unversehrtheit des Hundes darf beim Spielen niemals auf der Strecke bleiben! Bevor Sie zu Werke gehen, sollten Sie sich deshalb unbedingt Klarheit darüber verschaffen, in welchem Entwicklungs- beziehungsweise Gesundheitszustand sich Ihr Hund befindet: Ist er Welpe, Junghund, Erwachsener oder Senior? Ist er gelenkkrank, herzkrank, moppelig, untrainierter Stubenhocker oder Leistungshund? Denn nicht für jeden Vierbeiner, der großen Gefallen an einem ganz bestimmten Spielchen finden würde, eignet sich dieses auch tatsächlich.

Mit allen Sinnen erforschen ... Vorsichtig, aber neugierig beschnuppert und betastet der Vizsla-Welpe das Spielzeug; ist sein Schneid groß genug, packt er es und schleppt es stolz davon.

Welpen und Junghunde

Welpen und Junghunde etwa dürfen unter keinen Umständen mit Spring- spielen oder ausgedehnten Toberunden beschäftigt werden, auch wenn sie sofort dabei wären. Solche gemeinsamen Beschäftigungen sind gefährlich, denn sie übersteigen rasch die Leistungsfähigkeit der Hundekinder und schädigen dauerhaft vor allem ihren noch unausgereiften Skelettapparat. Nicht immer ist es leicht einzusehen: Die winzigen Temperamentsbündel sind wirklich kaum belastbar. Legt sich der kleine Vierbeiner beim Spielen oder gemeinsamem Laufen erst einmal hin und mag keinen Schritt mehr tun,

ist seine Belastungsgrenze schon längst überschritten. Soweit darf es gar nicht erst kommen.

Gerade weil junge Hunde (durch die Begeisterung ihrer zweibeinigen Spielkumpane angespornt) alles Erdenkliche mitmachen, und das bis zu ihrer völligen Erschöpfung, werden die Jüngsten oft viel zu viel „bewegt". Im Gegensatz zu ihren erwachsenen Artgenossen, die nicht selten chronisch unterbeschäftigt und daher oft körperlich wie seelisch unausgelastet sind. Auch Zerrspiele sollten unterlassen werden, solange der Zahnwechsel noch nicht vollendet ist, da die Gefahr von Zahnabsplitterungen bis zu Zahnfehlstellungen besteht.

Nicht ganz fit?

Erst mit rund zwölf Monaten ist ein Hund körperlich voll belastbar (kleine Rassen früher, große etwas später). Welche Anstrengungen Sie Ihrem Tier ab diesem Alter zumuten können, hängt allerdings von seinem jeweiligen Gesundheitszustand ab. Ein gelenkkranker Vierbeiner zum Beispiel darf selbst dann keine „großen Sprünge machen". Auch sollte er nicht zu Dauerleistungen ermuntert werden. Das beansprucht die vorgeschädigten Gelenke, Bänder und Sehnen ebenfalls stark. Regelmäßige moderate Bewegung, wenig anstrengende Spiele oder solche im Wasser sind hingegen ideal. Denn eine trainierte, kräftige Muskulatur hilft, die verminderte Beweglichkeit des krankhaft veränderten Skelettsystems abzufangen und beeinflusst das Krankheitsbild demzufolge günstig.

Rücksicht nehmen

Ähnliches gilt für Tiere mit Herz-Kreislauf-Problemen oder für Hundesenioren. Ihnen sollten ebenfalls keine

größeren körperlichen Leistungen abverlangt werden. Zudem gilt es, auf die jeweilige Tagesform der vierbeinigen Patienten Rücksicht zu nehmen. Denn nicht selten verändern sich Krankheitssymptome oder Altersbeschwerden in Abhängigkeit von der Tageszeit oder etwa der Witterung merklich. Völlig untrainierte oder gar hochgradig übergewichtige Stubenhocker sollten sich nicht überanstrengen, sondern langsam an die ungewohnten Aktivitäten und die mechanische Beanspruchung herangeführt werden – egal, wie alt sie sind.

Selbst die ältesten Hundesenioren sind hin und wieder zu einem Spielchen bereit. Wenn sie dabei Dinge tun dürfen, die sie gut können, gern mögen und die keine körperlichen Höchstleistungen erfordern, spricht nichts dagegen.

Stretching **Tipp**

Für alle, also auch für die vierbeinigen Spieleprofis, gilt ausnahmslos: Erst stretchen, dann matchen! Sonst droht Muskelkater oder Schlimmeres, etwa ein Muskelriss.

Damit's immer Spaß macht

Spielen an den unterschiedlichen Orten, zu den verschiedenen Tageszeiten und mit vielfältigen Spielzeugen: Das erfreut selbst den hartnäckigsten (vierbeinigen) Stubenhocker.

Fürs gemeinsame Spiel mit Artgenossen heißt es: Halsband ab! Das hilft, Unfälle zu vermeiden.

Spielausdauer

Welpen verbringen viel Zeit mit Spielen, sowohl zusammen als auch allein. Wie und womit Welpen spielen, verändert sich mit zunehmendem Alter, ebenso, mit welcher Ausdauer sie dies tun. Es ist ganz normal, dass die Spielhäufigkeit im Laufe des Heranwachsens abnimmt – bekanntermaßen spielen erwachsene Hunde wesentlich seltener als ihre jüngeren Artgenossen. Es lässt sich jedoch feststellen, dass die Tiere, mit denen im Welpen- und Junghundealter oft und abwechslungsreich gespielt wurde, im späteren Leben häufiger, intensiver und vor allem ausdauernder spielen als Hunde derselben Rasse, mit denen man in jungen Jahren kaum gespielt hat.

Aufgeweckte Kerlchen

Spielerprobte Hunde lassen sich meist schneller für gemeinsame Unternehmungen begeistern, denn sie haben erkannt, dass es Spaß macht, mit ihrem Menschen zu spielen. Sie reagieren spontan auf optische oder akustische Signale ihres zweibeinigen Kumpels und wirken dadurch munterer und pfiffiger als manch anderer Vierbeiner. Das liegt sicher daran, dass die Tiere gelernt haben, ihren Menschen besser zu „lesen", denn das gemeinsame Spielen setzt zwangsläufig eine enge Interaktion zwischen Mensch und Hund voraus sowie ein individuelles Aufeinander-Eingehen. Schon allein deswegen ist Spielen lohnenswert.

Außer Rand und Band

Sicher gibt es gravierende Rasseunterschiede, was die Spielfreude eines Hundes betrifft. Wer kennt ihn nicht, den Border Collie, der beim Anblick seines Bällchens kaum mehr zu bremsen ist – egal, ob er sechs Monate oder sechs Jahre alt ist, und ob er als Welpe oft mit seinem Besitzer spielen konnte oder nicht?

Spielen? Och, lass mal!

Herdenschutzhunde geben sich eher bedeckt – egal, wie alt und spielerfahren sie sind. Und doch: Selbst bei diesen bemerkenswerten Hunden mit dem großen Beschützerwillen trägt frühzeitige Motivation (kleine) Früchte. Allerdings sollte man sich keiner Selbsttäuschung hingeben, und glauben, man könne Berge versetzen. Herdenschutzhunde sind zwar durchaus in der Lage, mit ihrem Besitzer das eine oder andere Spiel zu spielen, und zunächst begeistert dranzubleiben. Doch man braucht zum einen große Überredungskünste, um sie überhaupt zum Spielen zu motivieren, und zum anderen kann das Spielverhalten, bei bestimmten Bewegungsspielen etwa, rasch vom spielerischen Charakter abgleiten – sowohl bei Hunden untereinander als auch bei gemeinsamen Spielaktivitäten mit Menschen.

Beschützertypen

Möchte man mit Hunden, die aufgrund ihrer genetischen Anlagen zu den Beschützertypen gehören, spielen, sollte man ihren Charakter und die spezifischen Verhaltensweisen gut kennen und kleine mimische und gestische Hinweise immer ernst nehmen. Sonst kann das Spiel kippen und dann ist es gar nicht mehr lustig.

Des Weiteren sollte man (wie übrigens bei allen zur Eigenständigkeit neigenden Hunden) von Kampfspielen Abstand nehmen, dazu gehören auch die Zerrspiele. Denk- oder Geschicklichkeitsspiele eignen sich für diese Hunde viel besser.

In der Regel sollten Sie Ihren Hund zum Spielen auffordern. Gelegentlich können Sie auch auf seine Spielaufforderungen eingehen. Nur ständig drängen lassen dürfen Sie sich nicht!

Abwechslung ist gefragt
Spielfreude fördern

Die Bereitschaft zu Spielen wird durch häufiges Ausführen einer spielerischen Handlung nicht erschöpft, denn es fehlt der Ernstbezug wie das Fressen der erlegten Beute, die Sättigung und die sich einstellende Trägheit fürs Verdauungsschläfchen.

Hunde verlieren nicht gleich die Lust, wenn sie die Beute (zum Beispiel eine Frisbee-Scheibe) einmal gefangen haben, man kann sie schon im nächsten Augenblick neu motivieren. Woran liegt das? Hunde können im Spiel Teile des Jagdverhaltens ausleben, dazu gehört das Hinterherhetzen sowie das Packen und Schütteln der Beute. Und selbst einzelne Teile aus der Jagdsequenz wie das Verfolgen sind selbstbelohnend. Spielen wird einem von Natur aus spielfreudigen Hund demnach nicht langweilig. Aber es erschöpft ihn – in wohltuender Weise. Nutzen Sie das, um Ihren Vierbeiner mit minimalen Mitteln ausreichend zu beschäftigen und glücklich zu machen! Und, um ihm ganz nebenbei Entspannung zu bieten. Denn Spielen entspannt, und zwar ziemlich effektiv – nicht nur den hundlichen Organismus.

Take it easy!

Bestimmt haben Sie es selbst schon erlebt: Konzentriertes Training auf dem Hundeplatz, aber es will nicht klappen. Sie verkrampfen sich, werden ungehalten; Ihr Hund kapiert, so scheint es, gar nichts mehr. Nun lassen Sie „Fünfe grade sein", nehmen ihn zur Seite, rennen ein Stückchen gemeinsam, schicken ihn einige Male zum Apportieren einem Spielzeug hinterher und knuddeln ihn fürs famose Bringen. Was resultiert daraus? Ihr Vierbeiner ist wieder locker – und Sie auch.

Unvermittelt auftretende Spielunlust

Die Bereitschaft zu spielen kann sich eigentlich nicht erschöpfen. Wieso zeigt der eine oder andere Hund beim Spielen trotzdem Desinteresse? Wenn es weder an seiner Rassezugehörigkeit noch an mangelnder Spielerfahrung liegt, was könnte der Grund sein? Plötzliche Spielunlust kann ein Alarmsignal sein! Verweigert Ihr ansonsten spielfreudiger Vierbeiner auf einmal das gemeinsame Spiel, sollten Sie unbedingt kontrollieren, ob er verletzt oder anderweitig krank ist. Gehen Sie sicherheitshalber mit ihm zum Tierarzt.

Miese Laune?

Doch vielleicht möchte Ihr Vierbeiner im Moment einfach nicht mit Ihnen spielen, weil er Sie viel zu gut kennt? Hunde besitzen bekanntlich ein exzellentes Gespür für unser Befinden, speziell für unsere Stimmungslagen. Haben Sie keine Lust zum Spielen, merkt das auch Ihr Hund. Lassen Sie es diesmal lieber bleiben, es wird ohnehin keine lustige Spiel-Session werden.

Auf die Mischung kommt es an

Je abwechslungsreicher Ihr gemeinsames Spiel ist, umso vielfältiger sind die Eindrücke, die es bei Ihrem Hund hinterlässt, und umso erschöpfender und befriedigender wirkt es auf seinen Körper und seinen Geist. Und je mehr Freude das Ganze bereitet, umso motivierter wird er sein, auf Ihre Spielideen einzugehen. Spielen Sie also nicht immer nur „Bällchen werfen" mit

Ihrem Hund! Kombinieren Sie Bewegungsspiele mit Denkspielen, bei denen er seinen Grips einsetzen muss und seine Sinne schärfen kann. Bieten Sie Ihrem Tier mentale Beschäftigung und körperliche Auslastung! Verknüpfen Sie schnelle mit langsamen Spielelementen, geräuschvolle mit stummen. Verbinden Sie Tempospiele mit abrupten Stopps oder beispielsweise Springspiele mit Geschicklichkeitsübungen. So lernt Ihr Hund, seine Kräfte gezielt zu steuern.

Vorsicht, Verletzungsgefahr — Tipp

Variieren Sie auch beim Spielzeug. Verwenden Sie aber niemals Stöcke, Steine, Tannenzapfen oder Gegenstände aus brüchigem Kunststoff als Spielutensilien. Sie können zu Verletzungen führen.

Aus Alt mach Neu

Wenn Spielelemente häufig neu gemischt werden und immer mal wieder unbekannte Spielutensilien ins Spiel kommen, hat das noch einen weiteren positiven Effekt: Die Neugierde Ihres Hundes wird gleich mit befriedigt. Denn jeder fremde Gegenstand, jede neue Situation verhindert eine Gewöhnung. Sie brauchen dazu übrigens keinen Spielwarenladen oder Heimwerkermarkt leer zu kaufen, um Ihr Arsenal aufzurüsten. Eine geruchliche Veränderung von Spielzeug, das den Hund nicht mehr vom Hocker reißt, tut es oft auch. Wie wäre es zum Beispiel mit ein paar Tropfen frischen Pansensuds, die Sie auf sein uninteressant gewordenes Apportel träufeln? Wetten, dass das Bringsel gleich unwiderstehlich wird?

Wissen, wann's genug ist: Züngeln, sich kratzen oder schütteln können Verhaltensweisen sein, mit denen ein Hund anzeigt, dass er momentan überfordert ist oder sich nicht wohl in seiner Haut fühlt. Beenden Sie die Übung und spielen Sie mit ihm.

Auf einen Blick
So spielen Sie richtig

Fähigkeiten nutzen

Wenn Sie etwas mit Ihrem Hund unternehmen, sollten Sie seine natürlichen Fähigkeiten und Veranlagungen nutzen, ohne dabei Höchstleistungen zu verlangen. Hunde lernen besonders gern, schnell und nachhaltig,

→ wenn man sie möglichst von Anfang an keine Fehler machen lässt,
→ wenn man spontan gezeigtes erwünschtes Verhalten belohnt und damit verstärkt (= positive Bestärkung),
→ wenn man gewünschte Reaktionsweisen schon im Ansatz belohnt – so lässt sich das Verhalten formen (= shaping), also gezielt zum endgültigen Reaktionsmuster hinleiten,
→ wenn man Erfolge hervorruft, indem man geschickt mit Lockmitteln arbeitet; die vierbeinigen Schüler können so die Lösung selbst finden, das stärkt ihr Selbstvertrauen,
→ wenn man auf zahlreiche Wiederholungen setzt, bevor die nächste Schwierigkeitsstufe folgt.

Gezielt belohnen

Ob Sie Ihren Hund belohnen, indem Sie Ihre Stimme, ein Leckerli oder ein Spielzeug einsetzen, bleibt Ihnen überlassen. Je nach Temperament und jeweiliger Stimmungslage des Hundes können Leckerchen beziehungsweise Spielzeug unterschiedliche Verhaltensintensitäten bewirken – Futter beruhigt eher, ein wildes Tobespiel putscht auf. Entscheiden Sie deshalb ganz gezielt, worauf Sie im Einzelfall zurückgreifen möchten.

Clicker-Einsatz

Auch, ob Sie beim Üben mit oder ohne Clicker arbeiten möchten, können Sie nach Lust und Laune und ebenso nach der Art des geplanten Spieles entscheiden. Gerade Spiele, bei denen feinmotorische Reaktionen erwartet werden, lassen sich prima mit dem Knackfrosch trainieren und perfektionieren.

Die Spiel-Arena

Damit Ihr Hund generalisieren kann, spielen
Sie an allen erdenklichen Orten mit ihm (an
geeigneten versteht sich, also nicht etwa dicht
an einer viel befahrenen Straße, mitten im
Wald bei der Wildfütterung, direkt neben
einem Bienenstock, im Getreidefeld oder auf
einer Wildwiese während der Setzzeit). Ani-
mieren Sie ihn auch an unterschiedlichen
Tageszeiten. So gewöhnt er sich nicht an feste
Spielzeiten, sondern bleibt gespannt, weil er
auf die nächste Spieleinlage wartet. Planen Sie
dennoch das tägliche Spiel ein, denn nach den
Mahlzeiten sollten keinerlei heftige körperliche
Aktivitäten folgen – aber das wissen Sie ja.

Motivation und Spielfreude

Das Spielzeug muss
leben! Objekte, die
sich bewegen und
Geräusche von sich
geben, sind wesent-
lich spannender als
„tote" Objekte. Hunde
finden es besonders

fesselnd, wenn das Spielzeug „flieht" oder
Haken schlägt und wenn es sich versteckt,
um danach plötzlich wieder auftauchen. Das
alles spricht ihre natürlichen Instinkte an und
löst sofort arttypische Verhaltensweisen aus,
wie verfolgen, festhalten und apportieren. Vermutlich sind gerade deshalb Beutefangspiele
bei Hunden so beliebt. Quietscht, fiept und
wehrt sich die „Beute", macht es doppelt so
viel Spaß.

Die Sache mit der Verfügbarkeit   Tipp

Räumen Sie das Spielzeug nach Gebrauch
weg, denn Ihr Vierbeiner verliert das Interesse,
wenn der gesamte Fundus rund um die Uhr
zur Verfügung steht. Ein Lieblingsspielzeug
sollte er aber behalten dürfen, damit er, falls
ihn die Spiellaune überkommt, sich nicht an
anderen Dingen vergreift.

5

In der warmen Jahreszeit

Frühlingserwachen 92

Apportieren –
nicht nur für Retriever 96

Scheibenfangen für Flinke 104

Wasser-Spiele 108

Für **KIDS** **Tomate contra Kiwi** 114

„Hey! Frauchen hat mich gerufen. Nix wie hin und nachschauen, was sie jetzt wieder ausgeheckt hat."

So sollte das Spielchen nicht aussehen. Im Gegenteil: Versuchen Sie, mit Ihrem Hund auf engstem Raum und ohne Spielzeug zu laufen und zu toben. Rennen Sie zum Beispiel ein Stückchen geradeaus, sodass er Ihnen folgen kann. Hat er Sie eingeholt, machen Sie kehrt, schlagen einen Haken und flitzen die Strecke zurück. Gehen Sie auch mal in die Hocke oder robben Sie gurrend am Boden entlang. Kommt Ihr Vierbeiner interessiert herbeigeeilt, stupsen Sie ihn am Hals, knuddeln ihn kurz oder springen unvermittelt auf und hüpfen davon.

Kurze Animationseinlagen

Häufige Wechsel der Geschwindigkeit beziehungsweise Gangart und unerwartete Richtungsänderungen, abwechslungsreiche Geräusche – und gelegentlich auffordernder Körperkontakt – sind bei dieser Beschäftigungsart

Der Schnee ist geschmolzen, das erste Grün beginnt zaghaft zu sprießen: Zwei- und Vierbeiner drängt es nach draußen – zum gemeinsamen Spielen und Toben. Was aber mit der aufgestauten Energie anstellen? Wie soll man sie effektiv nutzen und doch möglichst gut kanalisieren, damit die nach der langen Winterzeit kaum trainierten Muskeln nicht überstrapaziert oder gar geschädigt werden? Behutsames Aufwärmen ist angesagt – zum Beispiel mit einem gemeinsamen Bewegungsspiel.

Hüpfen, flitzen, robben, kriechen

Der Hund prescht davon – sein zweibeiniger Begleiter hat verständlicherweise nicht die geringste Chance, ihm auf den Fersen zu bleiben:

äußerst wichtig, damit es auch für den temperamentvollsten Vierbeiner prickelnd bleibt.

Hier spielt die Musik

Wird Ihr Hund zu schnell oder lässt seine Konzentration nach, kann ein freundliches „Steh" sein Tempo drosseln und die Spannung wieder herstellen. Oder Sie gewähren sich einen kleinen Vorsprung, indem Sie ihm ein paar Brocken Trockenfutter ins Gras werfen, nach denen er zunächst suchen wird, bevor er Sie einholt. Oder Sie reduzieren sein Tempo, indem Sie ihn kurz – wenn nötig mehrmals hintereinander und auf Entfernung – ins „Sitz" beordern, losstürmen und ihn mit „Komm" zum Spurt auffordern.

Fang mich, wenn du kannst

Wenn Sie Ihre ersten Bewegungsrunden im zeitigen Frühjahr lieber mit Spielzeug mögen, bitteschön! Ein weiches Stofftierchen, ein Spieltau oder ein Hartkunststoffball an einer Kordel befestigt – hinter den Beinen versteckt – unvermittelt hervorblitzen und fiepen lassen: Ihr Hund wird entzückt sein. Immer wieder wird er

Aufhören, wenn's am schönsten ist!

Tipp

Noch bevor die Aufmerksamkeit Ihres Hundes nachlässt, beenden Sie das Spiel – und zwar von Ihnen ausgehend, und am besten stets mit demselben Hörzeichen (z. B. „Das war's"). So kommt es nie zu einer Überforderung, und Ihr Hund versteht es prompt.

versuchen, das Spielzeug zu fangen; alle Tricks wird er anwenden, Ihnen die Beute abzuluchsen.

Machen Sie es Ihrem Hund nicht zu leicht – allerdings auch nicht zu schwer. Denn das Spielzeug darf für ihn nicht völlig unerreichbar sein, sonst verliert er womöglich die Lust. Lassen Sie ihn deshalb hin und wieder zum Erfolg kommen. Dabei darf er das Spielzeug packen und totschütteln. Oder zerren Sie damit ein bisschen um die Wette.

Keep on moving

Bleiben Sie auch beim Spielen mit Spielzeug immer in Bewegung, das animiert Ihren Hund. Sprinten Sie auf und ab, laufen Sie Geraden, Haken, Kreise. Gehen Sie in die Hocke und lassen Sie das Spielzeug am Boden entlanghuschen, recken Sie sich und wedeln Sie damit in Armhöhe. Hoch, nieder – links, rechts: Das perfekte Hunde-Spiel.

„Ums Spielzeug zerren, wegwerfen, bringen: Ganz nach meinem Geschmack!"

Die „reizende" Angel

Das Spielzeug ergattert und damit aus dem Staub gemacht – kein noch so gewieftes Ablenkungsmanöver nutzt, ihn herbeizulocken und zum Abgeben zu bewegen: Gehört Ihr Vierbeiner auch zu dieser Sorte Hund? Dann sollten Sie sich eine Reizangel basteln, und damit Ihr Glück versuchen.

Zutaten für die Reizangel

Sie brauchen: Einen Besenstil, ein dünnes Sisalseil, eine leere PET-Flasche – und natürlich Spiellaune. Das eine Ende des Seils verknoten Sie gut mit dem Besenstil, das andere Ende schieben Sie, nachdem Sie ein Loch in die Flasche gebohrt haben, hindurch und setzen zwei feste Knoten. Möchten Sie mit Leckerchen arbeiten, füllen Sie welche in die Flasche und schrauben sie fest zu.

Was hast Du denn da?

Wenn Ihr Hund bei dem ganzen Prozedere zuschauen durfte, wird er ohnehin fast vor Neugier platzen. Ansonsten sagen Sie ihm jetzt Bescheid und bitten ihn nach draußen. Wählen Sie einen geräumigen Ort im Freien, am besten eine gemähte Wiese, denn für das turbulente Spiel mit dem langen Seil brauchen Sie viel Platz.
Ihr Hund sollte dabei möglichst nicht hochspringen, um das Spielzeug zu erreichen. Führen Sie das Seil mit der Flasche deshalb dicht am Boden. Schwingen Sie es zunächst langsam, dann immer schneller – zuerst geradlinig, dann ruckartig und aprupt mit „Hakenwurf". Richten Sie sich mit den Bewegungen unbedingt nach Ihrem Hund.

Mit der Reizangel lässt sich zwar hauptsächlich der Spaß am „Beute-machen" fördern, doch auch die Lust am Bringen und sogar korrektes Vor-stehen kann man so trainieren.

Das Flatterband am Tennisball als Beuteersatz: Bewegen Sie die Reizangel immer weg vom Hund ...

Mut zur Beute

Manche Tiere schrecken vor diesem Spielzeug zurück und müssen Mut fassen, um es zu verfolgen. Bei solchen Hunden gilt es, zunächst den Beutetrieb zu fördern, indem kleinräumiger mit der Reizangel gearbeitet wird. Auch anregende Geräusche erweisen sich als hilfreich. Andere Hunde wiederum haben keine Hemmungen und sind beim Nachjagen kaum zu bremsen – mit dem Bringen hapert es jedoch. Für solche Hunde ist die mit Leckerchen befüllte Flasche ideal. Die können sie packen und umhertragen, doch es gibt nichts, wenn sie das Weite suchen, sondern nur dann, wenn sie die Flasche zu ihrem Zweibeiner bringen.

Erwischt

Sobald Ihr Hund die flüchtende Flasche ergattert hat, stoppen Sie die Bewegungen der Reizangel und rufen ihn zu sich. Bleiben Sie dabei in Bewegung und machen sich durch Laute interessant. Hüpfen Sie zum Beispiel in die entgegengesetzte Richtung und locken Sie Ihren Vierbeiner durch Gesten und Geräusche herbei. Notfalls können Sie leicht am Seil rucken, um ihn herbeizulotsen. Zerren Sie aber nicht zu stark, sonst fällt ihm die Flasche womöglich aus dem Fang.

Fein gemacht

Kommt er, loben Sie ihn überschwänglich. Nehmen Sie ihm die Flasche nicht gleich ab, sondern laufen Sie ruhig noch ein paar Meter mit ihm umher. Dabei loben Sie Ihren Hund immer wieder für das brave Tragen („Fein fest"). Wenn er dicht neben Ihnen ist, kraulen Sie ihn am Hals. Seine „Beute" berühren Sie zunächst noch nicht. Ihr Hund soll erkennen, dass Ihre Nähe

→ Apportiertrieb wecken

Der Beutetrieb ist bei den meisten Hunden gut entwickelt, viele wollen die Beute jedoch nicht bringen. Mit der Reizangel lässt sich auch die Lust am Bringen fördern. Denn nur, wer das Bringsel brav herbeischafft und abgibt, bekommt ein Leckerchen für seine Leistung. Das Reizangel-Spiel eignet sich also auch prima als Vorübung fürs korrekte Apportieren. Binden Sie anstelle der Flasche einfach ein Spielzeug oder ein Dummy an das Seil.

nicht unbedingt bedeutet, dass er seine Beute sofort abgeben muss! Allmählich gehen Sie dazu über, die Beute immer wieder mal anzutippen. Schließlich nehmen Sie ihm die Flasche aus dem Fang (falls erforderlich beherzt, aber niemals grob!), öffnen unter großem Brimborium den Verschluss und lassen einige Leckerchen in Ihre Hand kullern, die Sie Ihrem Hund reichen. Wiederholen Sie dieses Spiel nicht zu oft. Zwei- bis dreimal hintereinander reicht für den Anfang.

… so kann er dem flüchtenden Objekt nachjagen und es schließlich stellen und packen.

Apportieren –
nicht nur für Retriever

*Welpengerecht:
Die Steadiness lernt
er später ...*

Gegenstände vom Boden aufnehmen, sie umhertragen und mit nach Hause schleppen: Viele Hunde haben diese Verhaltensweisen im Blut. Gehört Ihr Vierbeiner auch zu den apportierfreudigen Begleitern? Nutzen Sie es und fördern Sie das Verhalten gezielt. Hat Ihr Hund erst einmal gelernt, einen ganz bestimmten Gegenstand auf Aufforderung hin zu apportieren, lassen sich zahllose Varianten erfinden, mit denen Sie ihn beschäftigen und ständig aufs Neue fordern können. Ob Augen- oder Nasenleistung, ob Gedächtnis oder Geschicklichkeit – mit Apportierspielen lassen sich diese Fähigkeiten hervorragend schulen.

Früh übt sich

Stellt sich die Frage: Wann beginnen und wie? Die einfache Antwort lautet: Bereits beim Welpen und zwar so:

In einem möglichst schmalen kurzen Flur (mit nicht allzu glattem Boden) breiten Sie die Decke Ihres Hundes aus, nehmen mit ihm darauf Platz und halten ihn sanft fest. Unter jubelnden Geräuschen werfen Sie nun ein Spielzeug aus oder rollen es über den Boden – zwei bis drei Meter weit genügt. Ihr Welpe wird es kaum erwarten können, dem interessanten Objekt hinterherzulaufen. Also lassen sie ihn. Er wird es sicher gründlich untersuchen, es vielleicht sogar zwischen die Kiefer nehmen: Sagen Sie ihm gleich, wie toll Sie das finden, und locken Sie ihn – während er das Spielzeug im Fang hält – wieder zu sich auf die Decke. Eilt er herbei, loben Sie ihn herzlich und knuddeln ihn. Das Spielzeug darf er noch einen Moment behalten, bevor Sie es ihm abnehmen, um es erneut zu werfen.

... ein freudiger Spurt zum Dummy, ein Satz zum Bergen der Beute ...

Startschwierigkeiten

Hat Ihr Kleiner keine Lust, zu Ihnen zurückzukommen, weil andere Dinge momentan wichtiger für ihn sind, locken Sie ihn kräftig und machen sich furchtbar interessant, etwa indem Sie sich an seiner Kuscheldecke zu schaffen machen. Kauern Sie sich hin, damit Sie möglichst klein erscheinen. Oder lehnen Sie Ihren Oberkörper so weit wie möglich zurück. Auch das wirkt für den kleinen Vierbeiner weniger bedrohlich, als wenn Sie sich – mit ausgebreiteten Armen – nach vorn beugen. Bestimmt kommt er nun lieber herbei. Loben jetzt nicht vergessen, streicheln und spielen Sie mit ihm!

Eingeschränkte Fluchtmöglichkeiten

Gibt es doch Schwierigkeiten mit dem Herankommen, rücken Sie mitsamt Decke näher an das Ende des Flurs, um seinen „Fluchtraum" einzuschränken. Bevor Sie das Bringsel auswerfen, spielen Sie auf engem Raum mit ihm. Das fördert seine Bringfreude bestimmt. Sollte Ihr Vierbeiner das Spielzeug gar nicht aufnehmen wollen oder auf dem Weg zu Ihnen ausspu-

cken, schimpfen Sie nicht. Probieren Sie das Ganze einfach noch mal. Will es überhaupt nicht klappen, erzwingen Sie nichts. Gehen Sie lieber mit Ihrem Kleinen zum Spielzeug, lassen es ihn greifen (notfalls kicken Sie es leicht an, damit es wieder „lebendig" wird), und spazieren anschließend gemeinsam ein bisschen durch den Flur. So lernt er, das Bringsel festzuhalten. Steuern Sie wie beiläufig die Kuscheldecke an, setzen sich hin und loben Sie ihn dort gebührend für die erstklassige Leistung.

Nur kein Frust

Spielen Sie das Apportierspiel nicht zu lange – weder aus lauter Begeisterung, weil es so gut funktioniert, noch aus Frust, weil es nicht so recht klappen mag. Nach drei bis vier Übungen ist Schluss. Sollte das, was Sie sich vorgenommen haben, nicht klappen, brechen Sie die Übung nicht resigniert ab. Verändern Sie lieber Ihre Vorgehensweise, indem eine Teilübung entsteht, die Ihr Hund mit Sicherheit mit Bravour erledigen wird. Dafür loben Sie ihn kräftig. Nie sollte eine gemeinsame Beschäftigung ohne Bestätigung oder gar mit einer Enttäuschung für ihn enden.

… und nichts wie zurück damit zu Frauchen.

Perfekter Apport?
Nicht alle sind Profis

Ihr (erwachsener) Hund sitzt aufmerksam, idealerweise links neben Ihnen. Sie werfen das Bringsel durch die Lüfte, trotzdem verharrt er vollkommen reglos an Ort und Stelle (steadiness heißt dieses lobenswerte Verhalten). Sobald Sie ihn mit „Apport" schicken, flitzt er los, schnurstracks zum Dummy hin, nimmt es auf, und stürmt – das Bringsel akkurat zwischen den Kiefern platziert – auf direktem Weg zu Ihnen zurück, setzt sich akkurat vor Sie hin und lässt seine Beute erst dann in Ihre Hände fallen, wenn Sie ihn mit „Gib aus" dazu auffordern.

Der Apportier-Alltag

So mustergültig klappt es allerdings nur beim Profi. Oft schleichen sich Fehler ein, die den Zweibeiner fast verzweifeln lassen. Doch zur Verzweiflung besteht kein Anlass. Manche Verhaltensweisen, wie die routinierte steadiness oder das Vorsitzen beim Abgeben beispielsweise, sind für ein lustiges Apportierspiel nicht unbedingt nötig. Also mühen Sie sich nicht, wenn Ihr Hund es einfach nicht kapieren will. Feilen Sie stattdessen lieber an den unverzichtbaren Einzelschritten, und üben Sie diese.

Apportierspiele lassen sich sehr variabel gestalten, sodass auch Senioren, Pummelchen oder Hunde mit gesundheitlichen Beeinträchtigungen mitmachen dürfen.

Beginnen Sie dort mit dem Üben, wo der Hund nicht abgelenkt ist; sobald das Bringen gut klappt, wechseln Sie an Orte mit mehr Action.

Ein Frühstart nach dem anderen?

Startet Ihr Vierbeiner jedoch jedes Mal, wenn Sie bloß die Hand zum Wurf anheben, probieren Sie's mal hiermit: Anstatt das Bringsel zu werfen, legen Sie es – während Ihr Hund im „Sitz" auf Sie wartet – in aller Ruhe auf den Boden, dann erst schicken Sie ihn los, um es zu holen. Oder Sie werfen es aus, holen es aber hin und wieder selbst (notfalls, während ein Helfer Ihren Vierbeiner festhält). Beides wirkt sehr beruhigend auf die „Schnellstarter" und ermöglicht auch ihnen die Chance auf vielfältige Apportierspiele.

Das Timing muss stimmen

Haben Sie einen Hund, der Ihnen das Bringsel stets vor die Füße „spuckt", anstatt es solange festzuhalten, bis Sie

es mit den Händen entgegennehmen können? Dann achten Sie einmal darauf, wie Sie sich während des Apports verhalten. Wann loben Sie Ihr Tier? Beim Aufnehmen des Dummies: Prima. Beim Herbeibringen des Dummies: Auch prima. Nach dem Ausgeben des Dummies: Stopp! Hier hat sich ein Fehler eingeschlichen. Warum? Weil Sie, wenn Sie Ihren Hund jetzt loben, das Ausgeben bestätigen und nicht das Festhalten. Loben Sie ihn also nur, solange er das Bringsel noch fest im Fang hält.

Anders ist es bei einem Hund, der sein Bringsel nicht loslassen möchte. Hier darf man das Festhalten nicht übermäßig bestätigen, sondern das Loslassen. Ein solcher Hund wird überschwänglich gelobt, sobald er sein Apportel hergegeben hat.

Apportieren soll Spaß machen: Nachdem der Vierbeiner schnell und freudig mit dem Dummy zurückgekommen ist, darf er sein Bringsel noch eine Weile tragen, bevor man es ihm abnimmt.

Auf geht's, mitgemacht!

Von Kreisen und Kisten

Mampfend und im Stechschritt über die Wiese: Die meisten Hunde lernen solche Kunststückchen schnell. So kann man auch die Wartezeit vor einer Prüfung oder Hundeausstellung überbrücken.

Ist der erste Dampf abgelassen, sind die meisten Hunde gern auch für geruhsamere Beschäftigungsrunden oder Geschicklichkeitsspiele bereit, dem „Um die Beine kreisen" etwa.

Von Nullen und Achten, Kringeln und Kreisen

Ob Ihr Hund nun eine Null oder Acht vor oder neben Ihrem Körper beschreiben oder ob er zwischen Ihren Beinen hindurchflanieren soll: Einige Leckerchen in jeder Hand erleichtern den Lernprozess enorm. Sie können Ihren Hund damit (fast) überallhin locken. Nur eines dürfen Sie damit nicht tun: Ihn an der Nase herumführen. Hat er einen kleinen Schritt in die richtige Richtung getan, belohnen Sie ihn immer sofort dafür und geben ihm sein verdientes Leckerchen! Günstig ist es, in jeder Hand ein paar verlockende Käsebröckchen o. Ä. zu halten, dann

muss man die Futterstückchen nicht ständig von einer Hand in die andere nehmen. So vermeiden Sie auch, dass Ihr Hund mehr damit beschäftigt ist, Ihre fortwährenden Leckerchen-Transaktionen zu beobachten, als sich auf die eigentliche Übung zu konzentrieren.

Kleine Vorführung zu Musik

Nehmen Sie sich nicht gleich eine große Choreografie vor, sondern gehen Sie jedes Bruchstückchen einzeln an. Dann bleibt Ihr Hund bei der Stange und verliert nicht die Laune. Wenn Sie mögen und es Ihre Nachbarn nicht stört, können Sie die Übungen auch wunderbar mit musikalischer Untermalung in Angriff nehmen. Beginnen Sie beispielsweise so:
Ihr Hund sitzt links von Ihnen. Sie lassen ihn dort einen Kreis, zum Beispiel gegen den Uhrzeigersinn, laufen –

Leckerchen! Sie schicken ihn auf Ihre rechte Seite: Dort folgt derselbe Ablauf, eventuell im Uhrzeigersinn – Leckerchen! Das Ganze wiederholen Sie einige Male (jeweils die Belohnung nicht vergessen!). Beenden Sie die Übung, bevor Ihr Hund unaufmerksam wird. Nun kommt eine neue Herausforderung: Der Weg zwischen Ihren Beinen hindurch.

Durch die Beine – fertig – los!

Ihr Hund sitzt beispielsweise rechts von Ihnen. Sie machen mit dem linken Bein einen großen Schritt nach vorn und locken ihn (mit Ihrer linken Hand auf Höhe Ihrer Kniekehle) zwischen Ihren Beinen hindurch. Links von Ihnen angekommen darf er sich setzen, muss er aber nicht. Und weiter geht das Spielchen, bei dem hund sich so manches Leckerchen einverleiben darf: Also mit dem rechten Bein einen Schritt gehen und mit der rechten Hand den Hund zu Ihrer Linken durch die Beine lotsen, usw.
Wiederholen Sie auch diese Übung einige Male. Und vergessen Sie nicht, schön große Schritte zu machen und

Ihren Hund bei jedem Stückchen Weg zu belohnen! Wenn Sie möchten, können Sie nun schon eine kleine Vorstellung geben: Links ein Kreis, rechts ein Kreis, dann ein kurzer Zickzackparcours zwischen Ihren Beinen hindurch: Bravo! Und Schluss für heute.

Slalom einmal anders

Es brauchen nicht immer Beine, Bäume oder die professionellen Agility-Stangen zu sein, um die Sie Ihren Hund „herumbugsieren": Pfiffige Kreationen aus buntem Spielzeug und Haushaltskisten tun es auch. Beim ersten Durchgang arbeiten Sie am besten wieder mit Leckerchen. Später braucht Ihr Hund bestimmt nicht mehr nach jeder Kiste, die er geschickt umrundet hat, eine Belohnung. Für Fortgeschrittene kann man auch Spielsachen oder verführerisch duftende Leckerbissen auf den Kisten drapieren, die der Hund „links liegen lassen" muss. Auch das Abrufen durch eine Gasse aus Spielzeug beziehungsweise Fressbarem ist ziemlich schwierig und bedarf bestimmt auch bei Ihrem Vierbeiner eines gemeinsamen Parcoursdurchganges an der Leine!

Viel Übung braucht es, bis der Vierbeiner den Slalomparcours allein meistert und bis er gelernt hat, sich dabei einmal links bzw. rechts neben einem Eimer zu setzen, bevor er weitermarschiert.

Verstecken ist angesagt

Die „verlorenen" Habseligkeiten

Sollte Ihr Vierbeiner einmal nicht so konzentriert und begeistert bei der Sache sein wie diese Labradorhündin, stecken Sie ihn einfach mit Ihrer guten Laune an.

Eiersuchen

Nicht nur an Ostern sollte das nahrhafte Spielchen auf der Tagesordnung stehen. Für unsere drei Hündinnen jedenfalls gibt es zweimal pro Woche ein Ei, hart gekocht mitsamt Schale. Allerdings bekommen sie den leckeren Happen nicht in ihrem Napf serviert. Sie müssen ihn im Garten suchen, selbst wenn es regnet. Jede wird einzeln losgeschickt, damit es kein Durcheinander gibt. Die Ranghöchste ist zuerst an der Reihe.

Und so geht's

Ich halte der Hündin das Ei vor die Nase: „Siehst Du, was ich hier Gutes habe?", dann verschwinde ich nach draußen und verstecke das Ei, ohne dass mich die Hündin beobachten kann. Je nach Können der drei wähle

ich unterschiedlich schwierige Orte (offen auf Asphalt, auf kurz gemähtem Gras, zwischen höheren Halmen, mit Laub oder Grasschnitt bedeckt oder zum Beispiel unter einer dünnen Erdschicht verborgen), und natürlich möglichst nicht an derselben Stelle wie beim letzten Mal. Dann kehre ich ins Haus zurück und schicke die Hündin los: „Such Osterei".

Suchen mit Begeisterung

In der Regel spurten die Hunde – ihre Nasen dicht am Boden – auf meiner Trittspur entlang. Dort, wo die Spur endet, suchen sie dann kleinräumig im Karree. Denn ich lege das Ei natürlich nicht direkt vor meinen Füßen ab, bevor ich wende, sondern recke mich, soweit ich nur kann, um es zu verstecken.

Endet das Trittsiegel an einem Hindernis wie einem Busch oder Bäumchen (und die Hunde haben am Boden nichts entdeckt), schauen sie nach oben und schnuppern zwischen den Ästen. Denn auch dort könnte das Ei des Kolumbus aufs Entdecktwerden warten.

Spaziergang mit Überraschungseiern

Das Eiersuchen ist ein einfaches Spiel, das Sie auch auf Ihrem gemeinsamen Spaziergang einflechten können: Stecken Sie das gegarte Ei einfach in die Jackentasche, bevor Sie losmarschieren, und verlieren Sie es irgendwo. Machen Sie Ihren Hund nach ein paar Metern auf den Verlust aufmerksam – er wird Ihnen sicher sofort bei der Suche behilflich sein. Natürlich können Sie auch einen anderen Leckerbissen verlieren. Schicken Sie Ihren Hund zurück. Er wird ihn finden. Wenn nötig, helfen Sie ihm ein wenig dabei. Entfernen Sie sich anfangs nicht zu weit vom späteren Fundort, sonst wird die Suche für einen unerfahrenen Hund zu schwierig – zudem könnte sonst auch ein „Dieb" zuschlagen.

Wenn Sie nicht möchten, dass Ihr Vierbeiner unterwegs etwas Fressbares aufnimmt, verlieren Sie sein Spielzeug und schicken ihn dieses suchen.

Rudelmitglied vermisst

Bei jüngeren unerfahrenen Hunden klappt es auch, wenn ein Familienmitglied beim Spaziergang immer mehr zurückbleibt, um sich dann heimlich hinter einem Baum oder zwischen Maisstauden zu verstecken. In Suchspielen versierte Tiere hingegen lassen sich meist nicht mehr so leicht hinters Licht führen. Ständig sind sie auf der Hut und beobachten, ob das Rudel noch vollzählig ist. Da kann sich fast niemand unbemerkt davonstehlen ... Einen Versuch wert ist es aber schon. Machen Sie Ihren Vierbeiner auf den Verlust aufmerksam und schicken Sie ihn mit auffordernden Worten (z. B. „Such Toni!") auf den Weg zurück.

Erfolg spornt an: Geben Sie Ihrem Hund deshalb die Chance, oft fündig zu werden!

Sommerfreuden
Scheibenfangen für Flinke

Herrlich: Die Wiesen sind abgemäht – endlich Platz für raumgreifende Aktivitäten. Nutzen Sie diese Gelegenheit, denn bald schon ist das Gras wieder hochgeschossen und es folgt die Setzzeit. Keinesfalls dürfen Sie dann durch die hohen Halme brechen, auch nicht, wenn es Ihrem Vierbeiner noch so gefallen würde. Selbst ohne Jagdtrieb kann er Schaden anrichten, zum Beispiel, wenn er durch seine Anwesenheit Wildtiere aufscheucht.

Fliegende Scheiben

Ein flottes Frisbee-Spiel – wäre das nicht eine tolle Idee? Dafür braucht man nämlich einen weichen ebenen Untergrund ohne Untiefen. Außerdem sind die Temperaturen im Frühsommer oft noch recht moderat, sodass der Vierbeiner nicht so schnell aus der Puste kommt. An ausdauernde Bewegung ist er durch Ihre Frühjahrsspiele ja bereits gewöhnt, also los geht's!

Willst Du's wirklich?

Zum Einstimmen, und für Hunde, die den schwebenden Teller noch nicht kennen, beginnen Sie am besten auf diese Weise:
Zeigen Sie Ihrem Hund die Frisbee-Scheibe und erwecken Sie diese mit Geräuschen und Bewegungen zum Leben. Werfen Sie die Scheibe ein paar

Das turbulente Wurfscheibenfangen eignet sich nur für gesunde, bewegungsfreudige, gelenkige und apportierbegeisterte Hunde.

Geschmeidige, biegsame Frisbees sind sicherer als solche aus brüchigem Hartkunststoff – außerdem lässt sich damit ausgezeichnet um die Wette zerren.

Werfen Sie die Scheibe nicht zu hoch, damit sie nicht plötzlich abfällt und den Hund irritiert oder gar verletzt. Anfangs reicht die doppelte Körperhöhe des Hundes. Und werfen Sie auch nicht zu weit, damit Ihr Tier überhaupt eine Chance hat, das fliegende „Ufo" zu fangen. Und ganz besonders wichtig: Zielen Sie beim Werfen nie direkt auf den Hund! Das Verletzungsrisiko beim Fangen ist sehr hoch.

„Flughunde" trainieren

Mit hohen Sprüngen und strammem Nachspurten sollten Sie erst beginnen, wenn der Hund geübter ist und wenn er eine mehrminütige Aufwärmrunde hinter sich hat. Denn die Belastung für sein Herz-Kreislauf-System und speziell für Muskeln und Gelenke ist bei dieser Beschäftigung enorm, auch wenn sie nur spielerisch betrieben wird. Unterbrechen Sie das Spiel deshalb gelegentlich. Gönnen Sie Ihrem Spielpartner eine kurze Pause im Schatten und bieten Sie ihm Wasser an.

Für gesunde Athleten

Beginnen Sie auch nicht zu früh mit solchen Übungen (Ihr Hund sollte mindestens zwölf Monate alt sein), und spielen Sie das Frisbeefangen niemals mit einem gelenkkranken Tier. Gesunde Gelenke sind die wichtigsten Voraussetzungen für dieses Fitness-Spiel. Selbst wenn das Frisbee nicht besonders hoch geworfen wird oder aus schwierigen Positionen heraus gefangen werden muss wie beim wettkampfmäßigen Scheibenfangen: Das Verbiegen und Drehen der Wirbelsäule beim Hochspringen und natürlich das anschließende Aufkommen und Abfangen des Körpers belastet den Skelettapparat des Hundes erheblich.

Aufmerksam wird die Flugbahn des Ufos verfolgt und zum Sprung angesetzt … Perfektion ist hier nicht gefragt, Spaß soll's machen!

Mal in die Luft und fangen Sie sie wieder auf. Sind gerade einige Zweibeiner zur Stelle, werfen Sie das Frisbee vom einen zum anderen. So wird es bald unwiderstehlich für Ihren Vierbeiner werden – der im Moment aber noch nicht mitmachen darf. Kann Ihr Hund seine Begeisterung kaum noch zügeln, ist er an der Reihe.

Wurftechnik für Einsteiger

Rollen Sie das Frisbee zunächst über den Boden, damit er ihm folgen und es greifen kann. Haben Sie einen Frisbee-Ring, können Sie auch ein wenig Tau ziehen. Dann erst werfen Sie das Frisbee durch die Luft – am besten mit einer Rückhand, damit die Scheibe genügend Drall bekommt.

Rufen Sie ihn. Er wird Sie sicher sofort finden. Schwieriger wird es, wenn er Sie beim Verstecken nicht mehr beobachten kann – wenn Sie ihn also beispielsweise hinter einer der Rollen ins „Sitz" bzw. „Platz" beordern, sich hinter einer anderen verstecken und ihn anschließend rufen.

Wo bist Du nur?

Lassen Sie Ihren Hund ruhig etwas forschen. Helfen Sie ihm erst, wenn er Sie nach längerem Suchen nicht entdecken kann – indem Sie Geräusche machen, seinen Namen rufen oder Ihre Hände hinter der Heu-Rolle her-

Stolz präsentiert sich die pfiffige Labradorhündin in luftiger Höhe: Spielmöglichkeiten bieten sich fast überall, man muss bloß kreativ sein.

Abgemähte Wiesen bieten wesentlich mehr als nur Platz zum Toben. Die vielerorts lagernden Heuballen geben vorzügliche Spielgeräte ab. Hoch- und Hinunterspringen kann hund nach Herzenslust. Auch „Sitz", „Platz", „Steh", „Pfötchen geben" oder „Männchen machen" kann er dort oben vorführen. Handelt es sich um flache Heuquader, lässt sich das Ganze auch als Hürdenparcours zum Überspringen oder als Slalomstrecke gebrauchen. Und Rundballen stellen großartige Verstecke dar: für Mensch und Hund.

Rund um die Rundballen

Lassen Sie Ihren Hund absitzen beziehungsweise von jemandem festhalten, und verschwinden Sie vor seinen Augen hinter einem Rundballen.

Carol hatte gelernt, erst auf Tröten aus ihrem Versteck zu kommen. Alle anderen Geräusche musste sie ignorieren.

vorlugen lassen. Lassen Sie Ihren Hund aber nicht solange umherirren, dass er in Panik gerät. Es könnte ihn stark verunsichern und ihm den Spaß am Suchen gründlich verderben.

Finderlohn

Hat er Sie gefunden, gibt es natürlich ein Freudenfest. Ein großes Leckerchen hat sich Ihr Vierbeiner jetzt verdient oder ein kleines Zerr- beziehungsweise Apportierspiel. Anschließend können Sie sich erneut verstecken – oder ein ganz neues Spielchen am Heuballen erfinden. Solange Sie die Arbeit der Landwirte bei Ihren Spielen nicht zerstören, sind Ihrer Fantasie keine Grenzen gesetzt. Eine Möglichkeit ist das „Drunter durch und Drüber weg aus dem Versteck".

Drunter durch und drüber weg

Lassen Sie Ihren Hund zunächst links neben dem Rundballen absitzen. Sie gehen nun außer Sicht auf die rechte Seite des Ballens. Nun rufen Sie ihn zu sich. Ihr Vierbeiner sollte von Übung zu Übung immer flotter angeflitzt kommen. Prima! Leckerchen.
Im nächsten Schritt stecken Sie einen Spazierstock (falls vorhanden; sonst tut es auch ein stabiler Ast) vorn in den Ballen und lassen Ihren Hund auf Aufforderung darüberspringen. Zuerst pieksen Sie den Stock ganz unten in den Ballen. Sobald er das Prozedere verstanden hat, erhöhen Sie in kleinen Schritten, bis er sich richtig anstrengen muss, um es darüber zu schaffen. Der Knauf weist hierbei stets nach unten, damit der vierbeinige Turner nicht daran hängen bleibt und sich verletzt.
Hat Ihr Hund kapiert, worum es geht, schicken Sie ihn neben den Ballen in

Warteposition. Erst wenn Sie sich mit einem Leckerli in der Hand auf der gegenüberliegenden Seite postiert haben, rufen Sie ihn über die Hürde zu sich. Die meisten Hunde kapieren den Spielablauf sofort. Klappt es wider Erwarten nicht auf Anhieb, bleiben Sie beim nächsten Mal ungefähr einen Meter vor der Hürde stehen, damit er Sie noch im Blick hat.

Für Kriechtiere

Funktioniert die Übung gut, bringen Sie Ihrem Hund bei, unter dem Hindernis hindurchzulaufen. Zunächst bleibt ein großer Abstand zum Boden, nach und nach verringern Sie die Durchgangshöhe, sodass er nur noch robbend unter dem Stock hindurchkommt. Wenn Sie einen Spazierstock verwenden: Der Knauf zeigt jetzt nach oben. Zum Abschluss rufen Sie Ihren Vierbeiner aus dem Versteck unter dem Hindernis hindurch zu sich.

Den Spazierstock zur Hürde umfunktioniert und den Hund mit Lob und Leckerli auf den richtigen Weg gelotst – einmal obendrüber …

… einmal drunterdurch. Da wird selbst der molligste Labi zur Flunder.

Wasser-Spiele

Hochsommer: Sengende Sonne und schwüle Hitze – da tun Schatten und Abkühlung gut, ja, können sogar lebensrettend sein. Hunde mit dichtem, langem Haarkleid leiden viel stärker unter der Wärme als die mit einem dünnen Fell. Trotzdem darf man nicht glauben, die Dünnfelligen würden alles aushalten. Leider wird Hunden in dieser Hinsicht viel zu viel zugemutet.

Swimming-Pool für Hunde

Wunderbar ist es, wenn sich Ihr Vierbeiner schwimmend Abkühlung verschaffen kann. Ein langsam fließendes Gewässer ist dafür ideal. Bei schnellen Fließgewässern, stark verschmutztem Wasser, aber auch bei kleinen stehenden Gewässern und Brackwasser-Seen sollte man vorsichtig sein, da sie vor allem während der heißen Jahreszeit von Algen übersät sein können. Gelangen die Algen in größerer Zahl in den Körper des Hundes (übers Maul bzw. über die Hautoberfläche!) drohen Vergiftungssymptome.

Für Wellenbrecher

Achten Sie darauf, dass der Einstieg ins Wasser nicht zu steil und dass das Ufer nicht mit Scherben übersät ist, damit sich Ihr Hund nicht verletzen kann. Denn einmal kühles Nass gewittert, rasten manche Wassernarren förmlich aus und spurten dann unzählige Male vom Land ins Wasser und wieder

Ihm ist kein Ufer zu steil – dem heiß begehrten Bringsel zuliebe. Weniger geländegängige Vierbeiner haben beim Ausstieg manchmal Mühe mit steilen oder sumpfigen Böschungen.

Apportierspiele im Wasser

Wie wäre es mit einem Apportierspiel im flachen Wasser? Wahrscheinlich wird es Ihrem Vierbeiner angesichts des aufs Wasser platschenden Bringsels noch schwerer fallen, brav an Ihrer Seite zu verharren, bis Sie ihn zum Apportieren schicken. Bleiben Sie trotzdem ruhig und bestimmt. Bei seiner Rückkehr wird er sich garantiert direkt neben Ihnen schütteln. Ob er das tut, bevor er das Dummy an Sie übergeben hat oder erst danach, ist für das spielerische Apportieren (anders als fürs professionelle) gleichgültig. Hauptsache ist, er bringt das Bringsel zu Ihnen – egal, ob Wasserdummy, Kunststoffente oder Schwimmring. Werfen Sie das Apportel anfangs nicht zu weit hinaus. Ihr Hund sollte unbedingt erfolgreich sein und das Bringsel erreichen können. Wenn Sie Zweifel haben, ob er es wirklich bringen wird, binden Sie es einfach an eine Schnur. Dann können Sie es im Bedarfsfall wieder an Land ziehen.

Ein Gewässer ohne Strömung und schwimmfähige Dummies eignen sich für Apportierspiele im kühlen Nass am besten.

zurück, ohne auch nur einen einzigen Blick auf „Nebensächlichkeiten" zu verwenden. Daher müssen Sie ein wenig Weitsicht zeigen und für Ihren „verblendeten" Vierbeiner mitdenken. Lassen Sie Ihren Hund auch nicht in ein unbekanntes Gewässer springen! Er könnte sich dabei schwer verletzen. Der Hund, aufgespießt auf einem Ast oder Metallstück, das unter der Wasseroberfläche verborgen lauert: ein Alptraum. Am Meer müssen Sie ein Auge darauf haben, dass Ihr Vierbeiner weder zu weit hinausschwimmt noch bei hohem Wellengang ins Wasser geht. Zu viel Salzwasser trinken sollte er bei seinen Spielaktivitäten auch nicht – das kann Durchfall verursachen.

Wasserscheue

Gehört Ihr Hund zu jenen, die „wie der Storch im Salat" durchs Wasser staksen und sich nie weiter wagen als bis zur Bauchlinie? Gehen Sie doch mal mit Ihrem Hund zusammen schwimmen oder werfen Sie ihm ein schwimmfähiges Dummy ins Wasser. Das hilft den Vierbeinern oft, ihre Wasserscheu zu überwinden. Sollten auch diese Versuche erfolglos bleiben, erzwingen Sie nichts! Akzeptieren Sie einfach, dass Ihr Hund keine „Wasserratte" ist.

Lebensfreude pur! Nach „Tauchgängen" bitte die äußeren Gehörgänge des Hundes trocken tupfen, damit keine Mittelohrentzündung entsteht!

Ausgrabungen und Akrobatik

Den Hund einmal Hund sein lassen ...

Buddeln, bis die Ballen brutzeln

Suchen Sie zunächst eine geeignete Stelle aus (weit entfernt von giftigen Zierpflanzen oder Ihrem Rosen- bzw. Erdbeerbeet) und vergraben Sie dort, nicht zu tief, ein paar größere, unwiderstehlich lecker duftende Gooddies. Lassen Sie Ihren Hund dabei zusehen. Sind Sie fertig mit Ihrem Werk, tippen Sie auf die Grabungsstelle. Vermutlich wird sich Ihr Hund nicht ein zweites Mal bitten lassen ... Loben Sie ihn kräftig!

Nach und nach – Sie kennen das nun schon – geben Sie, während er gräbt, ein Hörzeichen, „Buddeln", „Dig Dig" oder was Sie möchten.

Ob am Sandstrand, auf Wiesen oder im heimischen Garten: Die meisten Hunde sind enthusiastische Buddler. Auf Äckern und Weiden sollten Sie Ihrem Tier das Buddeln zwar nicht gestatten, aber wie steht's mit dem herrlich weichen Sand am Strand? Wenn sich Ihr Vierbeiner dazu einen Hundestrand aussucht und Sie den Krater nach Gebrauch wieder zuschütten, hat bestimmt niemand etwas dagegen. Zuhause einen eigenen Buddelplatz für den Hund einzurichten, ist allerdings das Allerbeste und vor allem auch das Sicherste, denn so große Mäusepopulationen wie auf einem Getreideacker dürfte es auf einem gepflegten Rasen oder Blumenbeet vermutlich nicht geben. Mäuse sind nämlich für viele Hunde der eigentliche Auslöser fürs Graben. Doch glücklicherweise lässt sich ihr Interesse umlenken – auf verbuddelte Leckerchen zum Beispiel.

Das Buddeln in feuchter Erde und im Sand lieben alle Hunde. Steigt zudem noch der Duft vergrabener Leckerbissen in ihren Riecher, gibt's kein Halten mehr ...

Interessiert sich Ihr Hund überhaupt nicht für versteckte Leckerbissen unter der Erde oder im Sand? Ist ihm – selbst im heimischen Garten – ausschließlich nach Mäusen zumute und neigt er dazu, die Nester der Nager nicht nur auszugraben, sondern auch zu verspeisen? Dann verbieten Sie ihm das Buddeln von nun an rigoros. Denn es drohen Infektionen wie zum Beispiel der gefährliche Fuchsbandwurm. Die kleinen Nager sind oft Träger von Würmern und Bakterien.

Es wird nicht lange dauern, und Sie können Ihren Vierbeiner mit diesem Zauberwörtchen zum legitimen Buddeln in den Garten schicken, genau an diese Stelle. Enttäuschen Sie ihn nicht allzu oft, weil Sie versäumt haben, dort etwas Leckeres zu vergraben.

Sollte Ihr Hund nicht gleich mit Schürfen beginnen und Sie nur verwundert anblicken, helfen Sie ihm – indem Sie sich auf den Boden legen und beim Ausgraben des Leckerbissens mitmachen ... Überlegen Sie sich jetzt schon eine Erklärung für Ihre Nachbarn. Sie haben die Bewegung der Gardine doch auch gesehen, nicht wahr?

Campingstuhl im Sondereinsatz

Lustige Hundespiele lassen sich mit den einfachsten Mitteln veranstalten (etwa mit einem stabilen Gartenmöbel), und trotzdem wird der Vierbeiner mit Feuereifer bei der Sache sein. Mit einem Leckerbissen oder Spielzeug unter einem Campingstuhl hindurchgelockt und auf der anderen Seite herzlich lobend in Empfang genommen: Das macht Hund und Herrchen Spaß. Natürlich braucht der Profi für eine solche Passage kein Leckerchen mehr, auch können Sie ihn auf größere Entfernungen über den Umweg unter dem Stuhl oder einer Bank hindurch zu sich rufen. Wenn Sie mögen, darf der Hund zur Belohnung auch auf dem Sitzmöbel Platz nehmen.

So ein leichter Stuhl ist kein einfaches Übungsobjekt, denn schnell hat es der unerfahrene Vierbeiner Huckepack. Ordentlich ducken ist angesagt, um ihn nicht umzustoßen. Gut, wenn der Hund das Spielchen „Drunter durch" am Rundballen schon kennt.

Von Dinos und Dummies
Spielzeug, Spielzeug überall

Stellen Sie keine zu hohen Ansprüche an Ihren Hund! Nicht alles klappt auf Anhieb. – Macht nichts! Spielen soll schließlich Spaß machen.

Wie viele Verstecke wird sie wohl entdecken? Erst sucht die Hündin eifrig nach den Spielsachen, die rund um den Gartenteich verteilt sind ...

Zum Verbuddeln und wieder Ausgraben eignen sich, neben größeren Leckerbissen, natürlich auch Spielsachen. Spielzeug lässt sich ebenso gut draußen verstecken, in einer Astgabel zum Beispiel, hinter einem Heuhaufen oder unter einem umgedrehten Laubkorb. Die Möglichkeiten sind nahezu grenzenlos. Mit Spielzeug lassen sich zudem packende Zieh- und Zerrspiele veranstalten, und hund kann es apportieren – an Land, aus der Luft, aus dem Wasser. Manchen „Wasserratten" ist das Einsammeln von Spielsachen, die ruhig auf der Wasseroberfläche dümpeln, allerdings zu langweilig. Sie tauchen lieber nach abgesunkenen Gegenständen. Spielsachen können auch eingesetzt werden, um dem Vierbeiner beizubringen, das Spielzeug nicht gleich Spielzeug ist, und, damit er lernt, es aufzuräumen. Ist es doch der Traum eines jeden Hundehalters, einen Vierbeiner zu haben, der sein Spielzeug selbst wegräumt.

Spielzeug aufräumen

Auf Geheiß holt Ihr Hund sein Spielzeug und schafft es in eine bereitgestellte Kiste – alles meterweit von Ihnen entfernt: Das wäre doch der Knüller auf einer Ihrer Sommerpartys. Aber von nichts kommt nichts. Also heißt es üben.
Knien Sie sich zunächst neben die Kiste und schicken Sie Ihren Hund, zum Beispiel mit dem Hörzeichen „Hol's", zu einem vor ihm liegenden Spielzeug. Sobald er es aufgenommen hat und sich auf den Weg zu Ihnen macht, loben Sie ihn. Ist Ihr Hund ein versierter Apporteur, wird er das Bringsel nun solange zwischen den Kiefern halten, bis Sie ihn zum nächsten Schritt auffordern.

Ab in die Kiste

Auf das Hörzeichen „Gib aus" oder Ihre dargebotenen Handflächen legt er das Spielzeug in Ihre Hände – so ist er es gewohnt. Jetzt möchten Sie, dass er das Bringsel in eine Kiste fallen lässt. Also schieben Sie ihm die Kiste hin. Lässt er das Bringsel fallen, begleiten Sie dies mit Ihrem neuen Hörzeichen, etwa „Plopp". Loben nicht vergessen! Wiederholen Sie das einige Male pro Tag, ungefähr eine Woche lang.

Wann immer Sie nun mit dieser Kiste erscheinen und Ihren Hund zu einem Spielzeug schicken, wird er es bereitwillig holen und dort hineinplumpsen lassen. Untermalen Sie das ganze Prozedere mit einem freundlich-auffordernden Stimmsignal, z. B. „Aufräumen".

Haushalt-Profis

Bis Sie die Kiste abstellen und sich bequem in den Sessel setzen können, während Ihr Hund auf dieses Signal hin aufräumt, muss man mit Sicherheit noch einige Zeit trainieren. Unterstützen Sie Ihren Hund! Begleiten Sie ihn anfangs auf seinem Weg zur Kiste, das macht es ihm leichter. Erst nach und nach bleiben Sie ein kleines bisschen weiter weg, wenn er sich mit dem Spielzeug im Fang zur Kiste trollt.

Kennt Ihr Hund sein Spielzeug?

Möchten Sie, dass Ihr Hund das Spielzeug nicht wahllos schnappt, sondern jeweils nur ein ganz bestimmtes bringt? Dazu muss er wissen, welches davon z. B. Tau, Dummy oder Dino heißt. Vermitteln Sie ihm dieses Wissen, indem Sie jedes Spielzeug benennen, wann immer sie damit spielen – „Such den Dino", „Hol das Dummy", „Wo ist das Tau". Verwirren Sie ihn aber nicht mit einem Redeschwall. Gehen Sie gezielt vor und spielen Sie an einem Tag nur mit dem Dino (den Sie ständig beim Namen nennen), am folgenden Tag ausschließlich mit dem Tau, usw. Wenn Sie den Eindruck haben, Ihr Hund registriert die Namen der Spielsachen, nehmen Sie sich zwei zur Hand und legen Sie diese vor seinen Augen auf den Boden, etwa drei Meter von Ihnen entfernt und in rund zwei Metern Abstand – sagen wir den Dino und das Tau.

Bring den Dino

Schicken Sie Ihren Vierbeiner nun los, zum Beispiel mit „Bring den Dino" (Sie können ihm helfen, indem Sie in die entsprechende Richtung weisen.) Bringt er den Dino: Wunderbar! Ein riesiges Lob ist fällig. Greift er sich das Tau, gibt es verschiedene Möglichkeiten, wie Sie reagieren können. Entweder Sie rufen sofort: „Nein! Bring den Dino", um ihn zu korrigieren, und zeigen auf den Dino. Oder Sie nehmen das Tau wortlos entgegen und verfrachten es wieder an die Stelle, an der es vorher lag. (Der Hund sollte dabei an der Übergabestelle sitzen bleiben.) Nehmen Sie den Dino kurz vom Boden auf, zeigen ihn Ihrem Hund – „Schau, Dino" – und kehren anschließend zu ihm zurück. Nun wird der Hund zu einem neuen Versuch losgeschickt. Flitzt er los und greift sich das gewünschte Bringsel, folgt sofort Ihr überschwängliches Lob – das Sie solange fortsetzen sollten, bis er mit dem Dino bei Ihnen angelangt ist. Klasse war's! Und genug fürs Erste.

... dann eilt sie jedes Mal freudig herbei und spuckt eines nach dem anderen in die ihr hingehaltene Kiste. Eine ganze Menge Spielzeug hat sie darin schon zusammengetragen.

KIDS

Tomate contra Kiwi

Speziell ausgebildete Hunde entdecken spezifische Geruchsmuster wie z.B. von Schimmelpilzen oder Drogen und zeigen sie an. Meist wird diesen Profis spielerisch beigebracht, was von ihnen erwartet wird, nämlich einen ganz bestimmten Duft zu erkennen und gezielt danach zu suchen. Wieso nicht einfach ein nettes Spiel für den Familienhund daraus machen?

Die Zutaten

Das brauchst du für dieses Spiel: 1 Tomate, 1 Kiwi, 2 frisch gewaschene Einmach- oder Marmeladengläser, 1 Helfer, 1 angeleinten Hund und jede Menge Leckerli.

Tomaten auf der Nase?

Halte deinem Hund eine Tomate vor die Nase. Wenn er interessiert daran schnuppert, lobst du ihn kräftig und gibst ihm auch ein Leckerli.

Tomaten-Glas

Lege die Tomate in ein Glas und halte es deinem Hund zum Beschnuppern hin. Wenn er sich nicht dafür interessiert, ignorier' es einfach. Schnuppert er daran, gibt es wieder Lob und Leckerli. Danach stellst du das Tomatenglas auf den Boden. Findet er das interessant und schnuppert daran, lobe ihn wie gehabt.

Der kleine Unterschied

Hat bisher alles gut geklappt, kommt das zweite Glas ins Spiel. Halte es deinem Hund leer vor die Nase, danach beide Gläser zum Vergleich. Dann stellst du beide Gläser auf den Boden. Dein Hund sollte sich jetzt nur um das mit Tomate bestückte Glas kümmern, nicht jedoch um das leere. Also belohnst du ihn immer nur dann, wenn er sich dem Tomatenglas zuwendet. Schnuppert er am leeren Glas, ignorierst du das. So lernt dein Hund zu unterscheiden.

Zwei im Vergleich

Schließlich enthalten beide Gläser, die du deinem Hund zeigst, eine Frucht – das eine die ihm bekannte Tomate, das andere eine Kiwi. Interessiert er sich für die Tomate: Lob und Leckerli, schaut er nach der Kiwi: nicht beachten. Die Hündin im Bild zeigt fast schon Meideverhalten auf die Kiwi: Das ist super.

Ich hab's gefunden!

Die Tomate ist entlarvt – die im Unterscheiden von Düften geübte Hündin zeigt dies jetzt nicht nur durch Beschnüffeln an. Sie hat gelernt, sich vor dem gesuchten Glas hinzusetzen und zu bellen. Das kannst du deinem Hund später auch noch beibringen. Schau dazu mal auf der nächsten Seite. Dort steht, wie du mit deinem Hund das gezielte Bellen üben kannst ...

Noch mehr Gemüse

Hat dein Hund verstanden, dass es die Tomate ist, die ihm seine Belohnungshappen einbringt, kannst du außer der Kiwi auch noch andere „Ablenkungs-Gemüse" beziehungsweise Obstsorten gegen die Tomate testen, etwa eine Karotte, ein Radieschen oder einen Apfel. Fordere deinen Hund heraus! Unter wie vielen Gemüse- und Obstsorten kann er die Tomate noch sicher herausfinden? Schafft er das auch, wenn die Tomate vollreif oder noch grün ist?

Kleine Gefälligkeiten

Neben dem Spielzeug-Aufräumen auf Zuruf gibt es noch viele weitere Hingucker für Ihre Sommerfeste, das „Männchen machen" zum Beispiel oder ein sonores „Gib Laut".

Männchen machen für Naturtalente

Viele Hunde zeigen es von allein. Weil sie für das putzige Verhalten meist sehr gelobt werden, behalten sie es bei, machen es sogar immer wieder, um dem Zweibeiner Leckerchen oder Streicheleinheiten zu entlocken. Wenn die Hunde zeitnah zu dem gezeigten Verhalten ein Signal wie „Mach Männ-

chen" bekommen, führen sie es bereitwillig auf das Signal hin aus.

Etwas Nachhilfe gefällig?

Gehört das Männchenmachen nicht zum Standardrepertoire Ihres Hundes, müssen Sie ein wenig nachhelfen. Dazu soll sich Ihr Vierbeiner vor eine Wand setzen. Stellen Sie sich dicht vor ihn und halten Sie ihm ein Leckerchen hin, am besten ein Stück über seinen Kopf in Richtung Nacken geführt. Er wird seine Vorderpfoten sicher bald vom Boden heben, um sich recken zu können und das Leckerchen zu erreichen. Jetzt heißt's: Lob und Lecker-

Egal was es ist: Gemeinsame Unternehmungen stärken das Zusammengehörigkeitsgefühl und festigen die Bindung zwischen Mensch und Hund.

Der Hund soll Sie nicht anspringen! Männchen machen soll er und sich auf den gestreckten Hinterbeinen stehend im Kreis drehen: Nur dafür wird er mit Leckerli belohnt.

chen. Bieten Sie ihm das Leckerli nicht zu weit hinten an, damit er nicht rückwärts umkippt; und auch nicht zu weit oben, sonst hebt er seinen Po an oder springt womöglich hoch. Falls er hochspringt, ignorieren Sie ihn und beginnen von vorn. Möchten Sie, dass er sich streckt und reckt (Signal: „Wie groß bist Du" oder „Reck Dich"), belohnen Sie selbstverständlich diese Verhaltensweise. Wenn Sie das Leckerchen über seinem Kopf kreisen lassen, „tanzt" Ihr Vierbeiner vielleicht sogar.

„Gib Laut"

„Gib Laut": So simpel es erscheint, wenn's funktioniert, so schwierig ist es manchmal, das Bellen gezielt auszulösen. Bei Tieren, die spontan bellen, ist es leicht. Doch es gibt auch Hunde, die ihre Schnauze einfach nicht aufmachen möchten. Bei ihnen heißt es, sich in Geduld zu üben und warten, warten, warten ... bis sie endlich einen winzigen Mucks tun. Dann ist ein Freudentanz fällig.

Kleine Provokationen

Sicher lässt sich Bellen auch provozieren, zum Beispiel indem man dem Hund etwas verweigert, was er gern haben möchte – Einlass ins Haus beispielsweise oder einen Leckerbissen. Gehen Sie folgendermaßen vor: Ihr Hund befindet sich im Garten. Sie halten ihm ein Bröckchen Pansen vor die Nase – „Schau mal, was ich Feines für dich habe" Er wird aufgeregt daran schnuppern und versuchen, es zu bekommen. Sie geben ihm den Leckerbissen aber nicht, sondern gehen zügig damit ins Haus und schließen die Terrassentür vor seiner Nase. Vor den Augen Ihres verdutzten Vierbeiners wedeln Sie drinnen mit dem Leckerbissen herum. Vielleicht kratzt er an der Tür: Ignorieren Sie es. Vielleicht fiept, wufft oder bellt er zaghaft: Dann bestätigen Sie ihn sofort in den höchsten Tönen („Fein, gib Laut"), öffnen mit großen Hallo die Tür und überreichen ihm den wohlverdienten Leckerbissen.

Er spricht nicht mit mir

Trollt sich Ihr Vierbeiner ohne einen einzigen Laut, müssen Sie noch mehr Zeit investieren und abwarten, was geschieht. Kommt er erneut und guckt neugierig durch die Scheibe? Dann zeigen Sie ihm den Leckerbissen wieder. Wenn's auch diesmal nicht klappt, legen Sie das Leckerli beiseite und gehen – sitzt Ihr Hund gerade nicht vor der Tür – zu ihm in den Garten. Lassen Sie ihn dort etwas tun, was er gut kann und loben Sie ihn dafür. Frust soll nämlich nicht entstehen. Die Übung „Gib Laut" steht erst morgen wieder auf dem Plan.

Bellen auf Kommando: Das Lieblingsspielzeug des Hundes wird in eine Astgabel geklemmt. Gelingt es dem Vierbeiner nicht, das begehrte Utensil zu erreichen, wird er vielleicht auffordernd bellen.

6

Für die kühle Jahreszeit

Spurenleser unterwegs 120

Wenn Waschtag ist 126

Spaziergang mit Hindernissen 128

Stubenhocker aufgepasst! 130

Für **KIDS** **Spielzeug verloren** 132

Auf einen Blick

Spielideen rund ums Jahr 138

Herbststimmung
Spurenleser unterwegs

Herbstzeit ist Jagdzeit! Machen Sie Ihrem Vierbeiner doch die Freude und lassen ihn jetzt ausgiebig Spurensuchen. Gerade in dieser Jahreszeit ist die Witterung für das Auskundschaften von Fährten ausgesprochen günstig, was dem unerfahrenen Spurenleser zugute kommt.

Das ideale Schnupper-Wetter

Es ist weder so heiß und trocken wie im Hochsommer, noch so klirrend kalt wie im Winter, außerdem ist es nicht ganz so nass wie im zeitigen Frühjahr, dafür oft mild und leicht feucht. Dieses Klima mögen Bodenbakterien besonders gern und arbeiten deshalb äußerst effektiv. Was das mit dem Fährten zu tun hat? Ganz einfach: Je effektiver die Bakterien arbeiten, umso leichter fällt es dem Hund, Spuren am Boden zu entdecken. Weil sie durch ihre Stoffwechselprozesse Düfte stärker hervorheben (solche, die durch die Bodenverwundung beim Laufen, Schleppen usw. entstehen, wie auch solche, die das ausgelegte bzw. geschleppte Utensil verursacht hat), liefern sie dem Hund detailliertere geruchliche Informationen über die zu verfolgende Fährte als sonst.

Außerdem sind die Wiesen abgemäht und die meisten Felder abgeerntet – insgesamt ideale Voraussetzungen für ein Spurensuchspiel.

Auch Hundenasen brauchen Arbeit. Schnüffelspiele fesseln jeden Hund, denn sie sprechen seine natürlichen Anlagen und Fertigkeiten an.

Schon die Allerkleinsten sind mit Feuereifer dabei, wenn es gilt, Frauchens Duftspur hinterherzuschnüffeln. Bei schwierigem Gelände genügt eine winzige Wegstrecke.

Die Leckerli-Fährte: Ein verführerisches Spiel für Hunde aller Altersklassen. Je jünger und unerfahrener der Vierbeiner, umso kürzer und „leckerchenreicher" muss die Fährte sein.

Leckerer Leckerli-Pfad

Legen Sie Ihrem Vierbeiner eine Leckerchenfährte, die er naschend verfolgen kann. Oder ziehen Sie eine kurze Schleppe, die er erschnuppern darf und an deren Ende eine tolle Überraschung auf ihn wartet. Wild ist dafür nicht nötig, Hundespielzeug oder Dummies erfüllen denselben Zweck.

Auf der Leckerchen-Fährte

Solange Ihr Hund noch keine Erfahrung im Spurenlesen hat, lassen Sie ihn zusehen, wenn Sie die Fährte legen. Am geschicktesten ist es, wenn ihn jemand dabei festhält, denn vermutlich wird er seine Neugierde bald nicht mehr zügeln können und Ihnen vorzeitig hinterherspurten.

Auf einer kurz gemähten Wiese oder einem weichen Acker stecken Sie zunächst einen kleinen Markierungsstock in den Boden, damit Sie den Fährtenabgang, also den Beginn Ihrer Spur, nachher wiederfinden. Dann treten Sie vorsichtig den Untergrund nieder, am besten in Form eines Dreiecks mit einer Spitze in Richtung des geplanten Fährtenverlaufs, und streuen dort einige Leckerchen aus. Winzige Käsebröckchen eignen sich besonders gut. Unmittelbar hinter dieser Spitze (an der Sie die meisten Leckerchen platzieren sollten) marschieren Sie los, indem Sie einen Fuß sorgsam vor den anderen setzen und in den hinterlassenen Fußabdruck jeweils ein Käsebröckchen legen ... immer geradeaus, rund 20 bis 30 Meter weit. Zugegeben: Das geht ins Kreuz. Doch der Spaß Ihres Vierbeiners beim Ausarbeiten der Fährte wird Sie dafür entschädigen. Und später können Sie freilich größere Schritte machen und brauchen nicht mehr in jeden, sondern nur noch in jeden zweiten oder dritten Fußabdruck einen Leckerbissen zu legen. Ans Ende Ihrer Fährte kommt ein besonders großes Käsestückchen oder ein ganzes Häufchen Käsebröckchen, das Ihr Hund nach erfolgreicher Suche fressen darf. Mit einem Riesenschritt treten Sie zur Seite und kehren (möglichst mehrere Meter entfernt vom Fährtenverlauf) zu Ihrem Hund zurück.

Mit dem Riecher dicht am Boden

Naseneinsatz ist gefragt

Jetzt ist Ihr Vierbeiner an der Reihe. Angeleint führen Sie ihn zum Fährtenabgang und lassen ihn dort den Boden abschnuppern. Das Käsehäufchen am Anfang der Spur wird ihn sicher fesseln. Ist er fertig mit Mampfen, drängt es ihn bestimmt auf den verführerisch duftenden Pfad. Lassen Sie ihn gewähren. Ohne Hektik zu verbreiten, begleiten Sie ihn auf seinem Weg Richtung Jackpot und loben ihn mit „Fein, Such" für jedes Wegstückchen, das er ruhig meistert.

Startschwierigkeiten?

Findet er das Ganze nicht so spannend, lassen Sie ihm Zeit. Ist Ihr Hund stark an Ihnen orientiert, weisen Sie immer wieder mit der Hand auf die Trittspur

Der Hund darf am Fährtenabgang (hier mit einer bunten Stange markiert) Witterung aufnehmen, dann wird er mit „SUUUCH" losgeschickt.

und fordern ihn freundlich-lockend auf, weiterzusuchen. An der Leine voranzerren sollten Sie ihn nicht. Bekundet er auch nur geringstes Interesse, loben Sie ihn sofort in den höchsten Tönen.

Die Übereifrigen

Haben Sie einen Vierbeiner, der zwar mit viel Spaß, aber sehr schnell auf die Strecke geht, müssen Sie mit dem Loben eher zurückhaltend sein. Er würde sich sonst nur noch mehr beeilen. Ihren Spurenleser loben Sie am besten immer dann, wenn er sein Tempo reduziert und weniger vehement vorgeht. Am Ziel angelangt, darf Ihr Hund den Lohn seiner Anstrengungen genießen: Guten Appetit! Und genug für diesmal.

Die Feldleine verhindert, dass der „Hungrige" die Laufstrecke zu stürmisch nimmt. Übrigens: Auch Gelenkkranke oder Pummelchen dürfen mitmachen. Bedingung ist – die Menge der verwendeten Futterbröckchen wird bei der nächsten Mahlzeit rigoros abgezogen.

Auf zum nächsten Level

Bald schon dürfen Sie die Fährte verlängern – bis zu (mehreren) hundert Metern, wenn Sie mögen. Auch leichte weite Bögen können Sie einbauen, damit es Ihrem Hund nicht langweilig wird. Schafft er solche Strecken problemlos, gehen Sie dazu über, anstelle der sanften Bögen immer schärfere Winkel auszutreten. Vor diesen sollten Sie wieder etwas kleinere Schritte machen und die Leckerchendichte erhöhen, ebenso nach den Winkeln. Zur Abwechslung, und um den Schwierigkeitsgrad noch weiter zu erhöhen, schicken Sie Ihren Hund gelegentlich auf eine Fährtensuche in kniffligem Terrain, etwa auf einer dicken Laubschicht, über Kies oder trockenen Asphalt.

Ausgebremst **Tipp**

Fegt Ihr Vierbeiner wie ein Sturmwind über die Fährte und lässt die meisten Leckerli unbeachtet liegen, machen Sie einfach größere Schritte (damit er mehr Zeit aufs Suchen verwenden muss) und häufeln pro Fußabdruck mehr Leckerbissen auf: Das wird seine Geschwindigkeit drosseln.

Die perfekte Witterung
Einer Schleppspur auf der Spur

Frischer Pansen in maulgerechte Häppchen geschnitten: Ein verlockender Duft!

Anstatt einer mit Leckerli gespickten Fährte können Sie Ihren Hund auch einer duftenden Schleppspur nachspüren lassen. Ohne dass Sie beim Fährtenlegen einen Schritt dicht vor den anderen setzen müssen, markieren Sie ihm so einen kontinuierlichen Streckenverlauf, an dem er sich orientieren kann. Binden Sie einfach ein Stück Trockenpansen oder ein kleines Schweinsohr an eine Kordel und ziehen es über die Wiese hinter sich her. Am Fährtenende knüpfen Sie den Leckerbissen ab und legen ihn auf den Boden: Ihr Hund wird ihn sicher gern vertilgen.

Für fortgeschrittene Pfadfinder

Kennt Ihr Vierbeiner Ihr „Pathfinding-Spiel", können Sie gleich eine etwas längere, aber noch geradlinige Wegstrecke in Angriff nehmen – etwa 50 bis 75 Meter. Die ersten Meter nach dem Fährtenabgang gehen Sie möglichst langsam, danach in normalem Tempo. Achten Sie darauf, dass Ihr „Schleppgut" dabei schön über den Boden schleift und nicht unkontrolliert hin und her schleudert.

Gelingt dem Hund die Suche, verlängern Sie die Spur noch ein wenig und lassen das gezogene Utensil absichtlich einige Hopser beziehungsweise Schlenker machen. Bauen Sie auf Ihrem Pfad auch wieder Kurven ein – erst als offene Bögen, danach in Form scharfer Winkel. Lassen Sie die Fährte immer

Ein Stückchen Pansen wird an eine Kordel gebunden und über die Wiese gezogen. Am Fährtenende wird der Napf mit den restlichen Brocken auf dem Boden abgestellt.

liegenden Ackerboden. Auch natürliche Hindernisse sollten Sie nutzen, einen umgestürzten Baum zum Beispiel, über den Sie das Schleppgut sorgfältig hinüberziehen. Das fordert Ihren Hund. Doch beginnen Sie auf keinen Fall zu früh mit hohen Schwierigkeitsgraden, sonst verliert er bald die Lust am Suchen. Helfen Sie Ihrem Tier anfangs – zum Beispiel, indem Sie vor Geländewechseln langsamer laufen, das Schleppgut dabei weniger schnell über den Boden ziehen und so die Schleppspur geruchlich deutlicher zum Vorschein kommt. Am Ende der Fährte angelangt, können Sie das Schleppgut einfach auf den Boden legen oder mit einer dünnen Laubschicht bedecken, es hinter einem Baumstumpf auslegen oder im Sand verbuddeln.

Angeleint wird der Vierbeiner an den Beginn der Schleppspur geführt; dort soll er Witterung aufnehmen.

Variante Spielzeugschleppe

Anstelle von Fressbarem können Sie auch ein Spielzeug an die Kordel knoten und damit eine Schleppe ziehen. Als Belohnung am Schleppenende winkt ein gemeinsames Spiel mit dem „Fundstück". Zeigen Sie Ihrem Hund das Spielzeug und lassen Sie ihn daran schnüffeln, bevor Sie losgehen. Dann wird er es bestimmt eifrig suchen und flott zu Ihnen zurückbringen.

„Leinen los": Mit fliegenden Ohren und der Nase dicht über dem Boden saust der kleine Vizsla dem duftenden Leuchtfeuer hinterher ...

... zielsicher zum Napf. Guten Appetit!

wieder einige Zeit liegen, das heißt, Sie schicken Ihren Hund nicht jedes Mal unmittelbar nach dem Legen zum Suchen, sondern warten damit mindestens 15 Minuten.

Bodenvielfalt

Üben Sie in unterschiedlichem Gelände und ziehen Sie Ihre Schleppen auf verschiedenen Untergründen. Auf trockenem Kies, Sand oder Asphalt ist das Spurenlesen am schwierigsten. Bei einem geübten Spurenleser können Sie sogar innerhalb eines einzelnen Fährtenverlaufs gezielt Geländeübergänge einbinden, also beispielsweise von der kurz gemähten Weide über einen Schotterweg auf den gegenüber-

Mit Rückenwind — Tipp

Achten Sie beim Legen der Fährte darauf, dass Sie Rückenwind (evtl. Seitenwind) haben. Das erleichtert Ihrem Hund die Suche. Zudem sollten Sie Winkel nicht gegen den Wind abknicken oder Streckenabschnitte nicht zu dicht nebeneinander verlaufen lassen: Ihr Hund könnte Wind davon bekommen und von seiner Spur abweichen, um schneller ans Ziel zu gelangen. Auch sollten Sie einen Winkel nicht so anlegen, dass Ihr Hund, überschießt er diesen, automatisch auf der weiterführenden Strecke landet.

Wenn Waschtag ist

Hier sind Nasenarbeit, Apportierfreude und Geschicklichkeit gefragt. Beim Wäscheklammerspiel geht es darum, einen ganz bestimmten Gegenstand zu erkennen, zwischen vielen gleichartigen herauszusuchen und herzubringen. Das besondere Merkmal: Es duftet nach Herrchen (bzw. Frauchen).

Welches riecht nach Herrchen?

Besorgen Sie sich eine Packung Holzwäscheklammern und vermeiden Sie es, diese mit den Fingern zu berühren – mit Ausnahme von einer. Diese zwicken Sie z. B. an Ihrem Unterhemd fest, oder Sie klemmen sich die Klammer fünfzehn Minuten unter die Achsel. Sie können sie auch in die Hand nehmen und eine halbe Stunde in Ihrer geschlossenen Faust halten. Besser ist es allerdings, wenn Sie beide Hände frei haben – für das, was nun zu tun ist.

Vorbereitungen mit Grillzange

Mit einer Grillzange (die Sie nur am Griff anfassen dürfen!) fischen Sie sich ein paar Klammern aus der Packung, legen sie in einen verschließbaren, leicht zu öffnenden Kunststoffbehälter und machen sich mit Ihrem Hund und einem Helfer auf den Weg. Ihre Spielarena kann sich im Haus befinden, aber auch draußen. Wichtig ist, dass der Hund die auf dem Untergrund ausgelegten Wäscheklammern gut sehen kann. Beim ersten Mal darf er Ihr geheimnisvolles Treiben beobachten, danach nicht mehr. Während Ihr Assistent den Hund festhält, entnehmen Sie mit der Grillzange zwei Klammern aus der Box und legen sie im Abstand von einem Meter auf den Boden. Zücken Sie nun mit viel Tamtam Ihre Körperklammer, lassen Sie den Hund daran riechen und legen sie neben die anderen.

„Finde meins": Das Klämmerchen-Identifizieren ist ein kurzweiliges Nasenspiel für alle Hunde, selbst für die Kurzschnauzen unter ihnen.

Geht der Vierbeiner nicht so zielstrebig vor, lassen Sie ihm genügend Zeit, seine Wahl zu treffen. Vermeiden Sie, auf die richtige Klammer zu zeigen oder sie anzutippen. Das irritiert den Hund.

Welche Klammer ist die richtige?

Nun darf der Hund starten: Vermutlich wird er sich zunächst für alle Klammern interessieren. Loben Sie ihn nur, wenn er an Ihrer schnuppert. Beschäftigt er sich mit den anderen, ignorieren Sie es. Schnuppert er erneut an der nach Ihnen riechenden – nimmt sie vielleicht sogar auf und bringt sie Ihnen: Super! Wenn nicht, ist das für den Anfang auch in Ordnung. Hauptsache, er lernt, Ihre Klammer ausfindig zu machen.

Erst eins, dann zwei, dann drei ...

Haben Sie Ihren Vierbeiner beim kleinsten Hinwenden zu Ihrer Klammer durch Lob bestätigt und ihn dabei an ein Hörsignal gewöhnt (etwa „Finde meins"), ist er bestimmt schnell so weit, dass Sie ihn mit diesem Signal losschicken und ihm immer mehr Verleitungsklammern dazulegen können. Wählen Sie aber nie denselben Platz. Liegt nämlich bei einem erneuten Spieldurchgang eine geruchsneutrale Klammer an der Stelle, an der zuvor die nach Ihnen duftende gelegen hat, verwirrt das Ihren Hund unnötig.

Socken ausziehen

Ziehen und Zerren tut Ihr Hund mit Inbrunst, und apportieren kann er auch? Na, dann wäre diese geruchsintensive Geschicklichkeitsaufgabe bestimmt etwas für ihn. Hier soll er Ihnen beim Sockenausziehen helfen und diese dann zur Waschmaschine tragen. Verwenden Sie anfangs Ihren ältesten Socken (am besten einen weiten Wollsocken), der Schrammen nicht übel nimmt – und stülpen Sie ihn zunächst locker über Ihren Fuß, sodass Ihr Vier-

beiner eine Chance hat, ihn herunterzubekommen. Wackeln Sie auffällig mit den Zehen und lassen Sie die Sockenspitze dabei baumeln. Ihr Vierbeiner findet das bestimmt aufregend.

Zieh!

Sobald er sich für den baumelnden Strumpf interessiert, loben Sie ihn. Nibbelt er an ihm herum – noch besser. Sobald er sich anschickt, zart seine Schneidezähne um den Socken zu schließen und vorsichtig zu zupfen, folgt ein Superlob. Findet Ihr Hund Gefallen an diesem Spielchen und zieht immer kräftiger an der Sockenspitze, geben Sie währenddessen Ihr Hörzeichen (z. B. „Zieh"). Zieht er anhaltend, können Sie den Socken fester über Ihren Fuß stülpen oder es mit einem engeren Socken beziehungsweise einem Baumwollkniestrumpf probieren.

Achten Sie darauf, dass sich Ihr Vierbeiner nur an Ihrer Fußbekleidung zu schaffen macht, wenn Sie ihm die Zehen vor die Nase halten und ihn mit einem Hörzeichen zum Sockenausziehen auffordern.

Spaziergang mit Hindernissen

*Auch wenn die Abkür-
zung, die der Kleine wählt,
viel Geschicklichkeit
verlangt: Dieses Gelände
muss einfach erforscht
werden ...*

Der dufte Riecher des Hundes hat seinen Part geleistet, nun sind seine Muskeln dran. Ein gemeinsamer Ausflug
ins Grüne, vielleicht zusammen mit
anderen Hundlern und deren Vierbeinern, würde sich dafür anbieten: Hät-
ten Sie und Ihr Vierbeiner nicht Lust
dazu? Also, den Rucksack geschultert,
sein Lieblingsspielzeug in die Jackentasche gesteckt – und los geht's!

Abwechslungsreiche Route

Planen Sie die Tour abwechslungsreich,
und spannend. Ihre Route sollte über
möglichst verschiedene Untergründe
führen, damit weder Ihre Gelenke noch
seine Pfoten überstrapaziert werden –
zum Beispiel über Gras, Erde, Laub,

*Ob Nieselregen,
Nebel oder Schnee-
gestöber: Für einen
Hund macht das
keinen Unterschied.
Er hat immer das
richtige Outfit.*

*Junghunde und Senioren
brauchen viele Pausen,
besonders bei Wanderungen
in der warmen Jahreszeit.
Legen Sie regelmäßig
Stopps ein und versorgen
Sie Ihre Tiere mit Trink-
wasser.*

Asphalt, geschotterte Wege, sumpfiges
und sandiges Gelände. Wandern Sie
über weite offene Flächen, durch
schmale Täler und auf schattigen, ver-
schlungenen Waldpfädchen. Vielleicht
liegt sogar ein kleiner See oder ein
Bachlauf an Ihrer Strecke. Schlendern,
gehen, laufen und sprinten Sie im
Wechsel. Hüpfen Sie zickzack, recken
und strecken Sie sich und: Fordern Sie
Ihren Hund auf, mitzumachen. Sein
Lieblingsspielzeug haben Sie ja dabei.
Erwecken Sie es zum Leben.

Natürliche Barrieren

Nutzen Sie alles, was sich unterwegs
anbietet: Ein Baumstamm liegt quer
über dem Weg? Lassen Sie Ihren Hund

auf ihm balancieren, darüberspringen und, falls der Platz ausreicht, darunter durchkriechen. Achten Sie darauf, dass der Stamm weder rutschig beziehungsweise glitschig ist noch instabil liegt. Traut sich Ihr Vierbeiner noch nicht? Machen Sie es vor!

Verstecke

Versteck spielen können Sie auch hinter Bäumen, im Gebüsch oder am Rande eines Maisfeldes. Sie können sich dort verstecken, aber auch ein Spielzeug oder einen größeren Leckerbissen –

und Ihren Hund danach suchen lassen. Eine Röhre liegt am Wegesrand – groß genug zum Durchrobben, nicht nur für den Hund? Prima. Wer krabbelt zuerst hindurch? Sie oder Ihr Vierbeiner?

„Wo bleibst du? Beeil dich, wir wollen weiter!" Ausgedehnte Rucksacktouren sind für viele Vierbeiner die Highlights unter den Spaziergängen.

Wasserspiele

Am Bachlauf oder Tümpel gibt es viel zu entdecken. Holen Sie sich ruhig mal schlammige Hände. Ihr Vierbeiner wird begeistert beim Matschen mithelfen. Haben Sie an Gummistiefel gedacht? Schön. Dann waten Sie doch zusammen durchs Wasser. Aber Vorsicht! Unebenheiten können im Untergrund lauern. Bitte nicht ausrutschen! Mit Ihrem Vierbeiner und seinem Allradantrieb können Sie nicht konkurrieren ...

Wieso waten? Fliegen geht doch auch. Wassergräben lassen sich auf vielfältige Weise überwinden.

Stubenhocker aufgepasst!

Viele Vierbeiner tauen erst so richtig auf, wenn es draußen bitterkalt ist und eine dicke Schneeschicht Wiesen und Äcker überzieht. Gönnen wir ihnen und uns das Vergnügen.

Die Kälte hat uns wieder. Unseren Vierbeinern scheint die nasskalte, trübe Jahreszeit wenig auszumachen, selbst den nur spärlich behaarten unter ihnen. Rennen, laufen und ausgiebig bewegen, das wärmt von innen, sowohl die Muskeln als auch das Gemüt. Nur lang im Kühlen herumliegen ist nicht gesund, das wissen Hunde instinktiv.

Spurenlesen im Schnee

Viel gesünder ist es, stattdessen (neben ausgedehnten Winterwanderungen und dem gemeinsamen Nickerchen am Kamin) häufig Spiele im Freien zu veranstalten. Ist unser Widerwille nach draußen zu gehen erst einmal überwunden, haben wir dabei mit Sicher-

Ihre Hochstimmung und ihr Tatendrang wirken ansteckend und bald herrscht grenzenlose Action im weißen Pulverschnee.

heit genauso viel Spaß wie unsere Hunde. Beim Spurenlesen im Schnee zum Beispiel, denn das können selbst wir „Schlechtriecher" wunderbar – mit unseren Augen anstelle der Nase versteht sich. Deshalb: Fröhlich voran! – Bitten Sie Ihre Partnerin beziehungsweise Ihren Partner, eine Trittspur zu legen, das heißt, einfach nur gemütlich durch den Schnee zu schlendern, ganz ohne Leckerchen auszustreuen oder ein Schleppgut hinter sich herzuziehen. Neuschnee ist ideal für dieses Spiel.

Der Spurenleger

Während Sie (ohne Sichtkontakt zum Spurenleger) Ihren Vierbeiner anderweitig beschäftigen, geht Ihr Begleiter unterdessen vom vereinbarten Startpunkt los, marschiert nicht zu schnell 200 bis 300 Meter weit (je nach Kenntnisstand des Hundes mit mehr oder weniger starken Haken auf der Strecke), versteckt sich hinter einem Baum, Holzstapel o. Ä. und wartet dort – warme Stiefel sind dabei Gold wert.

Endlich gefunden

Ungefähr fünf bis zehn Minuten später machen Sie sich mit Ihrem (angeleinten) Hund ohne viel Federlesens auf den Weg. Wo's lang geht? Vertrauen Sie einfach auf Ihren vierbeinigen Begleiter und: auf Ihre eigenen Augen.

Riesengroß ist die Freude, wenn der Vermisste gefunden wurde. Der Hund bekommt sein wohlverdientes Leckerli. Und der spurenlesende Zweibeiner? Vielleicht einen Kuss? Anschließend gibt es noch ein kurzes Tobespiel (mit oder ohne Spielzeug, ganz wie Sie und Ihr Hund es mögen) – zum Aufwärmen für den durchgefrorenen Spurenleger.

Ein paar Äste zwischen Baumstümpfen oder auf Steinen gelagert: Fertig ist das Hindernis. Positiver Nebeneffekt: Die dicke weiße Pracht federt ab und die Gelenke werden weniger belastet. Trotzdem vorher lieber aufwärmen!

Spielzeug verloren

Spielzeug verloren

Diesmal könnten es Spielsachen sein, die dein Hund finden soll: Wirf, während du zum Beispiel auf einem befestigten Pfad unterwegs bist und dein Hund gerade abgelenkt ist, ein möglichst kleines Spielzeug einige Meter abseits in eine schnee-bedeckte Wiese, auf der er es nicht sofort sehen kann. Mach' ihn nun aufmerksam und schicke ihn zum Suchen los ... Als Ansporn sagst du: „Such verloren".

Ich hab's gefunden!

Keine verräterische Spur führt deinen Hund zu seinem Spielzeug. Diesmal muss er das Terrain systematisch absuchen, um den richtigen Duft in die Nase zu bekommen. Bestimmt wird er sich im Zickzack-Kurs vorarbeiten – bis zu seinem heiß begehrten Spielzeug. Hat er es gefunden und in den Fang genommen, ruf' ihn zu dir. Freue dich mit ihm über seine tolle Leistung. Wenn du denkst, dein Vierbeiner hat Lust darauf, darf er das Spielzeug eine Weile lang tragen. Mit „Gib aus" nimmst du es ihm schließlich wieder ab und ver-staust es in deiner Jackentasche.

Schneehöhlen und -burgen

Oder du vergräbst es im Schnee – zunächst noch vor den Augen deines Hundes, und nicht zu tief. Kennt dein Hund das Buddelspiel vom Strand, wird er sofort mit den Ausgrabungen beginnen. Wenn nicht, hilf ihm ein bisschen dabei. Ist dein Vierbeiner bereits ein Buddelprofi, vergrabe das Spielzeug gleich etwas tiefer und ohne dass er dich dabei beobachtet. Allerdings musst du ihm zuvor schon klarmachen, wonach er suchen soll. Lass ihn deshalb gründlich am Spielzeug schnuppern, bevor du es versteckst.

Wo ist es nur?

Kurz bevor du von deinem Winterausflug nach Hause gehst, legst du ein kleines Spielzeug an den Wegesrand, das dein Hund gut kennt – und merkst dir den Ort genau! Was glaubst du? Wird er darauf stoßen, wenn ihr gemeinsam auf dem Rückweg daran vorbeikommt? Beobachte ihn: Vermutlich nimmt er ganz von allein Witterung auf, sobald er in die Nähe des Spielzeugs kommt – vorausgesetzt, er ist in diesem Moment nicht allzu abgelenkt. Sollte dein Hund das Spielzeug nicht wahrnehmen, ermuntere ihn, es zu suchen. Lob' ihn, wenn er es entdeckt hat, und lass' ihn seine Trophäe heimtragen.

Kalter Bauch

Was du allerdings nicht im Schnee vergraben solltest, sind Leckerchen – zumindest nicht die Kleinen. Hunde sind ziemlich gierig: Mitsamt der Leckerli würden sie eine ordentliche Portion Schnee fressen. Diese kalte Kost kann zu heftigen Bauchschmerzen führen.

Kalorienfresser
Leckerbissen und doch kein Winterspeck

Viel Bewegung verbraucht viel Energie – besonders bei eisiger Kälte. Ein paar Leckerbissen mehr bringen also keine zusätzlichen Pfunde auf die Rippen – vor allem nicht, wenn die Leckereien nicht auf dem Teller serviert werden, sondern erst mit detektivischem Spürsinn und unter anstrengendster Schnüffelarbeit aus den unterschiedlichsten Verstecken im ganzen Haus geborgen werden müssen. Wo überall könnten Sie Fressbares für Ihren Vierbeiner verstecken? Fragen Sie Ihre Kinder. Die haben bestimmt die ausgefallensten Ideen. Prüfen Sie bitte vorher jedes Versteck auf seine Hundetauglichkeit.

Mag der Spalt auch noch so schmal sein, ein eiserner Wille führt zum Ziel.

Redlich verdienen

Legen Sie Ihrem Vierbeiner die Leckerchen erst einmal im Zimmer aus, sodass er sie sofort sehen kann. Später wählen Sie richtige Verstecke – erst leichte, dann immer schwierigere. Am Anfang legen Sie die Leckerbissen auf den Boden, also etwa hinter ein Stuhlbein, unter die Couch, hinter den Vorhang. Findet Ihr Hund alles mühelos, ist er bereit für die nächste Schwierigkeitsstufe: Die Futterstückchen liegen nicht mehr nur unten, sie befinden sich auf dem Sessel oder zwischen den Sofakissen zum Beispiel. Den duften Riecher nach oben zu recken, lohnt sich also.

Mit und ohne Zuschauen

Wie gewohnt darf Ihr Hund anfangs alle Aktivitäten genau beobachten. Mit der Zeit wird es ihm nicht mehr gestattet. Zudem erweitern Sie das Suchgebiet – von einem Zimmer allmählich auf die ganze Wohnung, beziehungsweise über die nächste Etage auf das ganze Haus. Ermuntern Sie Ihren Hund – falls nötig – und verknüpfen Sie seine Suche mit einem Hörzeichen, etwa „Such die Gooddies".

Nur unter Aufsicht

Lassen Sie Ihren Hund bei seiner Suche nicht allein! Nehmen Sie sich Zeit und begleiten ihn. Nicht nur, weil Sie ihm dann und wann einen kleinen Tipp geben müssen, sondern auch,

Geschenke auspacken: Nicht nur zur Weihnachtszeit macht das Hunden einen Heidenspaß – und wenn dann noch getrocknete Fischstückchen zum Vorschein kommen: Lecker!

weil es spannend ist, sein Verhalten zu beobachten: Pellets vom Boden aufsammeln oder Hundekuchen zwischen Kissen hervorkramen dürfte ein Leichtes für ihn sein. Aber wie ist es, wenn der Keks zu weit unter die Couch gerutscht ist? Zwängt er sich darunter? Bemüht er sich nach Leibeskräften, ihn zu erwischen? Oder setzt er sich davor und bellt, damit Sie ihm helfen? Wenn Sie möchten, dass Ihr Hund das Problem allein meistert (vorausgesetzt, es ist zu meistern), ignorieren Sie sein Bellen. Ist es Ihnen lieber, wenn er Ihnen schwierige Verstecke anzeigt anstatt womöglich ein Chaos anzurichten, dann bestätigen Sie ihn jetzt.

Christo lässt grüßen …

Natürlich können die versteckten Leckereien auch verpackt sein – in unbedrucktem Papier zum Beispiel, das an beiden Enden gedreht wird, oder in einer leeren Toilettenpapierrolle. Dazu schneiden Sie die Papprolle auf beiden Seiten dreimal rund einen Zentimeter tief ein, füllen ein paar Leckerli hinein und klappen die entstandenen Kanten nach innen.

Ist Ihr Vierbeiner fündig geworden, ist das Spielchen für ihn noch nicht vorbei. Denn nun geht's ans Auspacken.

Papierschredder

Auch in einen großen Pappkarton (von dem Sie etwaige Metallteile sorgfältig entfernt haben) können Sie Fressbares packen. Vielleicht einen Ochsenziemer? Viel Knüllpapier dazu, perfekt! Machen Sie es Ihrem Hund aber nicht gleich zu schwer: Bei den ersten Spielen bleibt der Karton offen, dann kommt der Deckel darauf. Pieksen Sie ein paar Löcher in die Pappe, damit es noch verführerischer duftet. Ist der Inhalt gegessen, darf der Karton geschreddert werden: Kein Hund sagt Nein dazu.

Für Gierlappen

Tipp

Neigt Ihr Hund vor lauter Gier dazu, die Verpackung gleich mitzufressen, umwickeln Sie Ihr Geschenk möglichst dünn. Ein paar Brocken Zellstoff schaden ihm nicht. Bei größeren Mengen droht jedoch Verstopfung, wenn nicht sogar Darmverschluss. Lassen sich seine Essmanieren trotz mehrfachen Übens nicht kultivieren, verzichten Sie lieber aufs Verpacken Ihrer Gooddies.

Farben und Augenbewegungen

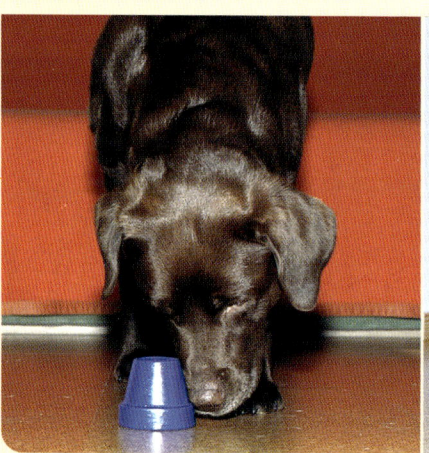

Richtiges Schieben will geübt sein. Ideal ist ein ebener, möglichst glatter Untergrund und reichlich Platz, damit der Hund nicht aneckt oder das Töpfchen unter einem Schrank verschwindet.

Früher nahm man an, Hunde seien farbenblind. Heute weiß man es besser: Hunde sind durchaus in der Lage, einzelne Farben zu erkennen – bei Blautönen schneiden sie sogar besonders gut ab. Feinste Nuancen können sie in diesem Wellenlängenbereich unterscheiden. Bei anderen Farben hingegen tun sie sich schwer. Gelb, Orangerot und Grün beispielsweise können sie nicht anhand der Färbung auseinanderhalten, wohl aber anhand unterschiedlicher Helligkeiten beziehungsweise Grauabstufungen.

Blau, blau, blau – sieht mein Hund so gut

Für ein Spiel, bei dem Farben eine Rolle spielen sollen, bietet sich Blau an. Und so funktioniert es – vorausgesetzt, Sie nehmen sich Zeit dafür. Denn

Hunde schenken Farben weit weniger Aufmerksamkeit als dem Duft. Daher ist entsprechend mehr Aufwand erforderlich, um sie auf dieses Detail zu konzentrieren. Und wenn Sie nicht aufpassen, haben Sie Ihren Vierbeiner rasch konditioniert, aber nicht auf die blaue Farbe des Gegenstandes, sondern z. B. auf dessen Position im Raum. Doch die langen Winterabende bieten reichlich Gelegenheit, sehr bedacht und Schritt für Schritt mit dem Vierbeiner zu üben.

Auf die Farbe kommt es an

Zunächst müssen Sie Ihrem Hund klarmachen, dass es (wie in unserem Beispiel) das blaue Blumentöpfchen ist, worauf es ankommt. Noch steht dieses Pöttchen allein auf weiter Flur, und für den Vierbeiner hagelt es Lob und Leckerchen für jede winzige Annäherung. Berührt er es nicht nur, sondern schiebt es schließlich sogar ein Stückchen durch den Raum, gibt es eine Extraportion Leckerli. Das ist nämlich das Ziel dieses Spiels: Einzig das blaue Töpfchen wird geschoben, nicht aber ein andersfarbiges.

Noch mehr Töpfchen

Nun ist es Zeit, die nächste Etappe zu wagen: Ein weiteres Blumentöpfchen kommt dazu – vielleicht ein gelbes? Bestärken Sie Ihren Hund, wenn er das blaue Töpfchen beschnuppert, berührt, und vor allem, wenn er es eifrig hin und her schiebt. Ignorieren Sie sein Interesse für das gelb gefärbte. Achten Sie darauf, dass sich keine Regelmäßigkeiten einschleichen, das heißt, dass Sie das blaue Töpfchen nicht immer näher an der Tür, dem Tisch, dem Sessel platzieren als das gelbe, es nicht stets als Erstes abstellen oder immer links beziehungsweise rechts vom Hund und Ähnliches. Liegt die Trefferquote bei rund 80 Prozent, ist Ihr Hund ein Held. Jetzt können Sie ihm – während er gerade seine richtige Wahl trifft – ein Hörzeichen geben, etwa „Schieb das Blaue". Und Sie können noch ein weiteres Blumentöpfchen anmalen.

Bewegende Augen-Blicke

Hunde sind typische „Schnellseher". Kein Wunder also, dass ihnen selbst die kleinsten Bewegungen unserer Augäpfel nicht entgehen. Schon die Veränderung der Blickrichtung genügt, um die Aufmerksamkeit der Hunde in diese Richtung zu lenken. Sie glauben es nicht? Probieren Sie es.

Knien Sie sich – nachdem Sie sowohl links als auch rechts von sich im Raum ein Leckerchen oder Spielzeug ausgelegt haben – vor Ihren sitzenden Hund. Legen Sie Ihre Hände auf den Rücken und halten Sie den Kopf möglichst ruhig. Sehen Sie Ihrem Hund freundlich ins Gesicht und bewegen Sie dabei zügig Ihre Augäpfel – zum Beispiel nach links. Wiederholen Sie dies ein paar Mal. Es wird bestimmt nicht lange dauern und Ihr vierbeiniger Schüler hat kapiert, dass er auf die entsprechende Seite laufen soll, zu der Sie gerade Ihren Blick schweifen lassen.

Statt den Vierbeiner das gewünschte Blumentöpfchen schieben zu lassen, können Sie ihm auch beibringen, es durch Hinlegen und/oder Bellen anzuzeigen.

Spielideen rund ums Jahr

Frühjahr

Zunächst wird das Dummy interessant gemacht und der Hund auf das Bringspiel eingestimmt – dann wird geworfen: Wenn da keine Apportierlaune aufkommt!

Beim Apport über ein Hindernis geht's zunächst gemeinsam auf den Parcours. Den Profi schickt man allein über die Hürde, um das Bringsel über das Hindernis hinweg zurückzuholen.

Sommer

In der heißen Jahreszeit sind Bewegungsspiele im Wasser der beste Zeitvertreib. Ohne seine Gelenke zu belasten, kann der Vierbeiner dabei Muskeln und Kondition trainieren und eine Menge Spaß haben – beim Apportieren, beim Wettschwimmen oder beim Kneipptreten.

Powerspiele an Land und längere Wanderungen verlegt man in die frühen Morgenstunden oder auf den Abend. Bedächtigere Spiele (sanfte Dehnungsübungen) wie der „Slalom um die Beine" oder das „Drunterdurchkriechen" dürfen jederzeit in Angriff genommen werden. Auch die lustigen Spieleinlagen zur Kräftigung der Muskulatur wie das „Tanzen" auf den Hinterbeinen oder die „Schubkarre", bei der man den Hund in der Flanke anhebt und sanft vorwärts schiebt, sodass er nur auf den Vorderbeinen läuft, sind sogar im Hochsommer tagsüber erlaubt.

Herbst

Ihr Hund möchte beobachten, hören und seine Nase mit Düften füllen, er möchte Spuren lesen und Jagdspiele machen: Gönnen Sie ihm dieses Vergnügen! Es macht ihn glücklich, denn es lastet ihn aus, sowohl physisch als auch psychisch.

Lassen Sie ihn etwas suchen, worüber er sich riesig freut, etwa sein Lieblingsspielzeug. Hat er es gefunden, bekommt er seine Belohnung – wie wäre es mit einem Apportierspiel mit diesem Spielzeug? Ein großes Gebiet nach kleinen Überraschungen absuchen, beispielsweise ausgelegten Leckerbissen, macht auch viel Freude. Nicht Tempo und Beweglichkeit sind gefragt, sondern Ruhe und Konzentration. Leckerchen für Schnüffelspiele sind klein, saftig und in Bellos bevorzugter Geschmacksnote. So werden sie gern gesucht und schnell verschlungen: Das spornt an und macht Lust auf mehr. Die erste Suche

können Sie drinnen starten. Später gehen Sie nach draußen und legen, ohne dass Ihr Hund zuschaut, mehrere Leckerchen aus und erweitern schrittweise die Größe des Such-Terrains.

Winter

Ein Sieb, einige verführerisch duftende Leckerchen darunter versteckt, und fertig ist der Zimmer-Spielparcours. Ziel ist es, das Gefäß umzudrehen, um ans Futter zu gelangen. Meist wird zunächst getatscht und geschoben, schließlich kommt fast jeder Hund auf den Dreh und kantet das Kunststoffgefäß an, sodass es kippt und seinen schmackhaften Inhalt freigibt. Dem ungeübten Vierbeiner machen Sie es leichter, wenn Sie die Leckerli direkt vor seinen Augen unter dem Sieb verschwinden lassen. Bei Fortgeschrittenen können Sie Fressbares (oder ein Spielzeug) darunter verstecken, ohne dass er etwas davon mitbekommt. Sie können das Gefäß mitsamt dem Darunter auch an einem gut zugänglichen Platz verstecken und den Vierbeiner erst einmal auf die Suche danach schicken.

Meine Serviceseite

Zum Weiterlesen

Zum Weiterlesen finden Sie hier eine Auswahl an Hundebüchern aus dem Kosmos Verlag:

Actun, Karin: **Hundefrisbee.**

Büttner-Vogt, Inge: **Spiel & Spaß mit Hund.**

Blenski, Christiane: **Hundespiele.**

Blenski, Christiane: **Schnüffelspiele für Hunde.**

Doepp, Simone und Gabriele Metz: **Trick Dogs. Coole Kunststücke für pfiffige Hunde. 2 Bände.**

Führmann, Petra und Nicole Hoefs: **Das Kosmos Erziehungsprogramm für Hunde.**

Führmann, Petra; Nicole Hoefs und Iris Franzke: **Das große Kosmos Spielebuch für Hunde.**

Jones, Renate: **Welpenschule.**

Krauß, Katja: **Hunde erziehen mit dem Clicker.**

Lübbe, Perdita und Ulrike Thurau: **Das Kosmos Buch vom Apportieren.**

Mücke, Anke: **Zufrieden an der Leine.**

Nijboer, Jan: **Beschäftigung für Hunde.**

Schneider, Dorothee: **Hunde einfach erziehen.**

Theby, Viviane: **Verstehe deinen Hund.**

Winkler, Sabine: **Hundeerziehung.**

Winkler, Sabine: **So lernt mein Hund.**

Zum Weiterclicken

Hier kommen Sie direkt auf die Homepage der Hundeschule von Sabine Winkler:
www.aha-hundeausbildung.de

Infos über Rassen, Haltung, Pflege, Urlaub und Erziehung: **www.hundund.de**

Noch mehr Spielideen und Tricks finden Sie auf diesen Homepages:
www.trick-dogs.de
www.spaß-mit-hund.de

Hier können Sie sich auch mit anderen Hundehaltern und Hundefreunden austauschen:
www.hundeforum.net

Nützliche Adressen

Verband für das Deutsche Hundewesen VDH e.V.
Tel.: 02 31-56 50 00
www.vdh.de

Österreichischer Kynologenverband ÖKV
Tel.: 00 43-22-36-71 06 67
www.oekv.at

Schweizerische Kynologische Gesellschaft SKG
Tel.: 00 41-31-3 06 62 62
www.skg.ch

KOSMOS Infoline

Sabine Winkler studierte Verhaltensforschung und lebt seit über 25 Jahren mit Hunden zusammen. Sie leitet eine Hundeschule, in der Welpenspielgruppen, Ausbildungskurse, Problemberatung, Einzelunterricht und Wochenendseminare angeboten werden. Bei KOSMOS hat sie bereits mehrere erfolgreiche Bücher zur Hundeerziehung veröffentlicht.

Dr. Brigitte Rauth-Widmann ist promovierte Biologin und langjährige Buchautorin. Heute lebt sie zusammen mit ihrer Familie, mehreren Hunden und Katzen auf einem Hof im Westerwald. Wenn sie nicht am Schreibtisch sitzt, beschäftigt sie sich am liebsten mit ihren Vierbeinern und denkt sich neue Spiele aus.

Sie können sich mit Ihren Fragen an Sabine Winkler und Brigitte Rauth-Widmann wenden. Schreiben oder mailen Sie an die KOSMOS-Infoline.

KOSMOS Verlag
„Hunde-Infoline"
Postfach 10 60 11
70049 Stuttgart
hunde-infoline@kosmos.de

Register

Abgemähte Wiesen 104 f.
Abkühlung 108
Ablenkung 15, 45
Abstand halten 69
Abwechslung 86f.
Achten laufen 100
Adventure-Tours 128f.
Aggressionen 17, 69
Akrobatik 110
Alleinbleiben 34, 41, 66
Anfassen 61
Anforderungen an den
    Hundehalter 24f.
Angepasstes Spielen 82f.
Angst 34, 66
Anpassung 15
Anspringen 62f.
Anstarren 61
Anstupsen der Hand 51
Apportieren 96ff.
Apportierspiele im Wasser
    109
Apportiertrieb 80
Apportiertrieb wecken 95
Aufmerksamkeit 50
Aufregung 34
Aufsicht 134
Aufwärmen 92, 105
Augenbewegungen 136
Ausgraben 110ff., 133
Auswahl des Hundes 22f.
Ausweichen 15
Auszeit 42
Autofahren 41, 66

Bauhunde 80
Bedürfnisse 67
Beenden des Spiels 93
Begegnungen mit Men-
    schen 69
Bei Fuß 52
Beißen 15, 61

Belastungsgrenze 83
Bellen 117
Belohnen 26, 36f., 88
Beschäftigung 29, 62
Beschützertypen 85
Beschwichtigung 15
Besuch 17
Betteln 42
Beute 80
Beutereize 18
Beutetausch 57
Beutetrieb 94f.
Bewegung 14, 19
Bewegungsmangel 18
Bewegungsspiele 80, 92
Blickrichtung verändern
    137
Bodenverhältnisse 125
Bringen 95ff.
Brustgeschirr 35
Buddeln 110f.
Bürsten 61

Charaktere 85
Clicker 88

Decken-Übung 58, 71
Denkspiele 19
Desinteresse 86
Dominanz 20f.
Drohen 15, 40
Drüber weg 107
Drunter durch 107
Duft erkennen 114f.
Düfte 120ff.
Duldsamkeit 61
Dummies 109

Eiersuchen 102
Entspannung 58, 86
Entwicklungszustand 82f.
Erfolg 11

Erziehung 22f.
Erziehungsmittel 36
Erziehungsziele 10, 23

Fähigkeiten nutzen 88
Fährten 120f.
Fährten suchen 19
Fährtenabgang 121
Farben 136
Fehlverhalten 24
Fressbare Belohnung 95
Fressbares 134
Frisbee-Spiel 104f.
Frühling 92f., 138
Fuchsbandwurm 111
Führungsqualitäten 21
Futterspiele 19, 71

Garten 64f., 110
Gegenstände suchen 19
Gehorsamsübungen 19, 71
Geländewechsel 125
Geräusche 41
Gerüche 15
Geruchliche Informationen
    120
Geruchliche Veränderung
    87
Geschicklichkeitsspiele 70
Geschwindigkeit drosseln
    123
Gesten 14, 25
Gesundheitszustand 82f.
Gewöhnung 41
Gib laut 117
Gier 135
Grenzen setzen 21, 64
Grunderziehung 22

Halsband 35
Herbst 120f., 139
Herdenschutzhunde 85
Herz-Kreislaufprobleme 83
Hetztrieb 80
Heuballen 106f.
Hindernisse 125ff.
Hörzeichen lernen 44f.
Hundebegegnungen 68
Hundegerechte Spiele 81
Hundesenioren 83
Hundesprache 69

Hundestrand 110
Hundeverhalten 27
Hundliche Bedürfnisse 34

Ignorieren 15, 42
Imponieren 15, 68
Infektionen 111
Interaktionen 84

Jagdhunde 80
Junghunde 40f., 82

Kinder 18, 29, 61
Konsequenz 24f., 39
Kontakt 68
Kontaktaufnahme 69
Konzentration 93
Körperbewusstsein 28
Körperliche Auslastung
    79f., 87
Körperliche Unversehrtheit
    82
Körpersprache 14f., 27f.,
Kraulen 61
Kreise laufen 100
Kühle Jahreszeit 119ff.
Kunststücke lernen 19, 70

Lange Leine 34f.
Lärm 41
Lauffreudige Hunde 80
Leckerchen 36, 50, 57, 134f.
Leckerchen-Fährte 121
Leckerchen-Lotto 37
Leckerchen-Spur 71
Leine 35
Leinebeißen 61
Leinenaggression 69
Leinenbegegnungen 69
Leistungsfähigkeit 82
Lernen 10f.
Lernerfahrungen 24
Loben 26, 36
Lockere Leine 53, 69

Männchen machen 116
Markieren 64
Mäuse 110
Mentale Beanspruchung
    81, 87
Mentale Befriedigung 79

Mimik 14
Misserfolg 11
Missverständnisse 13
Mitspielen 78f.

Nackengriff 39f., 56, 61
Naseneinsatz 122f.
Natürliche Barrieren 128
Natürliches Begrüßungsver-
   halten 63
Nullen laufen 100

Parcours 100f.
Partyeinlagen 116
Positive Bestärkung 98
Positive Verknüpfung 51,
   57
Prägungsphase 16
Problemverhalten vorbeu-
   gen 34
Pubertät 17, 65

Rangordnung 20f.
Rassespezifisches Spielen
   80f.
Raufereien 18
Regeln aufstellen 21, 24
Reizangel 94f.
Ressourcen 25
Reviermarkierung 64
Rückenwind 125
Rudelmitglied vermisst 103
Ruhephasen 18

Salzwasser 109
Schatten 108
Schimpfen 40
Schleppleine 43
Schleppspur 124f.
Schlüsselworte 25
Schnauzengriff 40, 56, 61
Schnee fressen 133
Schneehöhlen 133
Schwimmfähige Dummies
   109
Selbstbelohnende Spiele 86
Selbstbelohnendes Verhal-
   ten 39, 42
Shaping 88
Sichtzeichen lernen
   25, 44f.

Slalom 100
Socken ausziehen 127
Sommer 104f., 138
Soziale Beziehung 79
Sozialisierung 16f.
Sozialspiele 50
Spannung erzeugen 89
Spaziergang 67
Spielausdauer 84
Spielbeute 80
Spiele 18, 30f., 50, 77ff.
Spiele beenden 93
Spielespaß 78f.
Spielfreude fördern 86f.
Spiellaune 84f.
Spielregeln 30f.
Spielunlust 86
Spielzeug 36, 57, 87, 112f.
Spielzeug aufräumen 112
Spielzeug benennen 113
Spielzeug verloren 132
Spielzeugschleppe 125
Spurenlesen im Schnee
   130f.
Spurensuchen 120f.
Stapelholz 129
Steadiness 98
Stöbertrieb 80
Strafen 38f.
Streicheln 61
Stress 17, 34, 61
Stress auslösende Situatio-
   nen 18f.
Stretching 83
Stubenreinheit 60
Suchen 102f.
Suchspiele 103
Superbelohnung 50, 52
Swimming-Pool 108

Tagesform 83
Territorialverhalten 18, 65
Timing 36, 99
Trittspur 102, 131
Trotzanfälle 19

Überforderung 45
Übertriebenes Bellen 65
Übungen 100f.
Um die Beine kreisen 100
Umerziehung 43

Umwelteinflüsse 16
Unangenehme Erlebnisse
   10
Unarten 62f.
Unausgelastete Hunde 83
Unerwünschtes Verhalten
   26, 42, 65
Unpersönliche Strafe 39
Unterwerfung 20, 68

Verbellen 17, 65
Verbote 24f.
Verfälschte Körpersprache
   69
Verfügbarkeit von Spielzeug
   89
Vergiftungen 108
Verhaltensweisen 10, 85
Verknüpfungen 11ff., 26,
   36f., 60
Verletzungsgefahr 87, 105,
   129
Verlorene Spielzeuge 132
Verpacken von Gooddies
   135
Verständigung 14f.
Verständnisprobleme 25
Verstecken 70, 102f.,
   106, 129
Verstopfung 135
Vertrauen 38
Vor dem Kauf 23
Vorsitzen 98

Warme Jahreszeit 92ff.
Wäscheklammerspiel 126
Wasserpistole 39
Wasserscheue Hunde
   109
Wasser-Spiele 108f., 129
Wegschubsen 40
Weichmäuligkeit 80
Welpen 16, 40f., 82, 96
Wiederholungen 11, 45
Windverhältnisse 125
Winter 130f., 139
Wurfgeschoss 39

Zähmung 61
Zahnwechsel 83
Zerrspiele 83

Bildnachweis

Die Farbfotos wurden von Ulrike Schanz (Seite 1-71) und Karl-Heinz Widmann (S. 72-144) aufgenommen. Weitere Aufnahmen von Juniors Bildarchiv (3; S. 20 beide, 21), Horst Streitferdt/Kosmos (7; S. 28 beide, 48, 71 unten links, 122 beide, 123), Sabine Stuewer/Kosmos (14; S. 31, 40 alle 4, 67 alle 3, 70 unten links, 71 oben links, 72 unten, S. 81, 98 unten beide).

Impressum

Umschlaggestaltung von eStudio Calamar unter Verwendung von Farbaufnahmen von Oliver Giel (Vorderseite) und Sabine Stuewer/Kosmos.

Mit 268 Farbfotos.

Unser gesamtes lieferbares Programm und viele weitere Informationen zu unseren Büchern, Spielen, Experimentierkästen, DVDs, Autoren und Aktivitäten finden Sie unter **kosmos.de**

Gedruckt auf chlorfrei gebleichtem Papier

© 2013, Franckh-Kosmos Verlags-GmbH & Co. KG, Stuttgart
(Das Buch ist ein Doppelband aus den aktualisierten Werken „Hundeschule" von Sabine Winkler, ISBN 978-3-440-11139-0 (2008) und „Hundespiele" von Brigitte Rauth-Widmann, ISBN 978-3-440-11580-0 (2009), beide © Franckh-Kosmos Verlags-GmbH & Co. KG, Stuttgart.)
Alle Rechte vorbehalten
ISBN 978-3-440-13786-4
Redaktion des Doppelbandes: Angela Beck
Gestaltungskonzept: solutioncube GmbH, Reutlingen
Gestaltung und Satz: Atelier Krohmer, Dettingen/Erms
Produktion: Eva Schmidt
Printed in Germany / Imprimé en Allemagne

MIX
Papier aus verantwortungsvollen Quellen
FSC® C110508